岩 波 文 庫

33-585-2

丹下健三都市論集

豊 川 斎 赫 編

岩 波 書 店

目　次

Ⅰ　都市の再建

建設をめぐる諸問題……9
明日の都市への展望……43
地域計画の理論　その一　方法論……59

Ⅱ　東京改造計画

Mobility と Stability（流動と安定）……71
技術と人間……83
東京計画―1960……101

Ⅲ　巨大都市の未来

日本列島の将来像……153
万国博会場計画——企画から計画へ——……209
「東京・ニューヨーク都市問題シンポジウム」基調講演……243
編者解説（豊川斎赫）

丹下健三都市論集

Ⅰ　都市の再建

広島原爆ドーム(1950年代前半)
撮影　丹下健三
写真提供　内田道子

建設をめぐる諸問題

建設をめぐる諸問題と題する特集を編集委員会で企てたのであるが、問題のありかの探求がすでに難渋をきわめた課題であった。しかしともあれ問題の提起のないところに、この特集が行われるわけもなくここに問題の提起にまで至った探求の過程を編集委員の一人として報告し、読者の批判にまたねばならぬという責任を感じたものである。

1

傷つけられたわれわれの生活を再建するために、われわれ建設技術者がいかなる状況のなかにおかれ、さらにどのような課題を担っているか、——このことの探求は、はなはだ困難であり、そうして充分に行われていないのである。

われわれの生活が破れてゆく途は、あの破廉恥な戦いが始められた瞬間からあきらかなものとなり、その当然の帰結として、いま、傷つけられた生活の姿は経済不安ということのなかに、もっとも端的に表現されているのである。であるから生活の再建は、まず経済安定にその方策を求めなければならないといわれるところである。

であるが、この破壊への一切の過程は、わが国の社会構造が必然的に自己を貫徹しきったところであって、この敗戦の現実はそれのもっとも尖鋭なあらわれに外ならない。われわれの生活の危機は、その社会の構造的な危機であることを知らなければならないのである。われわれの生活の再建は、だから社会構造の改命をその基本的の課題としているのである。このことは、わが国の社会に深く根をはってきた封建的なものとの戦いというかたちで、いま、平和革命の途が発見されているのである。

いうなればわれわれは経済現象の安定と社会構造の改命という二つの大きな課題を——この二つの課題の結びつきにはきわめて複雑な事情に遭遇するのであるがそうして、ここではこの結びつきについてはふれることができないが——この歴史の悲惨な時期に担っているのである。しかし、ただちにこれをもってわれわれの課題を発見しえたとすることはできないであろう。建設技術が、生活のほんとうの再建にとって、どのような役割を担い、またいかなる意味をもっているかをさきの二つの課題のなかに探求してゆくことがなければならないであろう。

2

この最後の点、すなわち建設技術がいかにして生活の再建に寄与するか、と問いはじめようとする段になると、問題はなおまだ必ずしも自明であるとはいいにくくなってくる。したがってこの点を批判的に解明し、確定するためには、また当然に技術の本質という問題領域に深く分け入ることが必要であるし、生活と生産力との構造的なつながりを掘り下げなければならないであろう。だがこれらについては、近頃すぐれた文章に接しうるようになったし、とくに建築の領域については浜口隆一氏の深い思索を得ていることでもあるのでここでは必要な点だけを、いくらかふれるに止めたいのである。

ひとびとの生活は、働くことと、働くための生命力の蓄積との循環として理解されるであろう。いうならば、労働と厚生との絶えまない営みであり、労働の生産行為と、労働力の再生産行為との循環過程であり、生活の均斉とは、この二つの間が均衡をもつということであり、さらに生活の向上とは、その均衡の体系が生産力を媒介して、より高い位置にたかめられることである。ということはこうである。労働という生産行為によって生産されたものは、再び働くひとびとの生命力の培養のために消費されるとともに、労働の用具の補塡および拡充のために消費されて、それが新しいより高い生産力として再生産されてゆく。さらにそれが再びより豊かな生命力の再生を可能にするという絶えまない循環過程として、われわれの生活は理解されるのである。このような生産力と人間の幸福との絶えまない循環過程のなかに、技術が果たす役割を問い、さらに建設技術が担う意味を探求することが、いま、われわれにとっての第一の問題であろう。なぜならば、それなくしては、建設をめぐる状況もなんらわれわれに問題性を投ずることがないであろうから。

ひとびとが自ら生きんがために労働し、労働はより豊かな生を再生すべく誇りと喜びとをもってなされた原始のさまに想いをいたすとき、技術とは本来なにであったかを知ることができるであろう。ここではよりよき生のための生産と、生の再生産とは一つの完結された循環であり、生の躍動そのものであった。ここには生産のたかまりが、ただちに生をより豊かにするという生活の均斉の原始のすがたがあり、技術はつねにより高い生活の均斉への本能的な意欲であり、技術の前進はつねに労働の価値の向上と一つのものであり、それはまた人間の自然にたいする優位を保障するものであった。このように技術が人間と自然との原始的な対決の手段であったとき、人間の技術はまた本能的な盲目であることができた。

しかし、このような誇りと喜びにあふれたひとびとの生活の営みは、ながい封建のあいだ、ふみにじられていた。ひとびとは生活の均斉を回復するために封建との戦いをはじめる。この戦いは、近代の起点をなす common wealth 民富の形成という事実のなかに、その勝利のしるしを見出すことができる、とあるひとびとはいう。大塚久雄氏が「中産的生産者」層の形成をとき、それが封建的なものを必然的に打ち破り、新しい資本主義生成の担い手となった、とくりかえされる意味もここにあるであろう。すなわち労働の生産力の向上がただちに労働の再生産のたかまりであるような生活の均斉のすがたをそこに見出されるのである。わたくしは、このことの史的な真偽についての批判をここでなくしうるものではないが、このことは論理的に、歴史の catastroph の瞬間には、現象の奥ふかく人間本来のすがたがしのんでいるということ、さらに技術もまた、資本主義生成の瞬間には、本来のすがたとしての人間の技術でありえたということをたしかだと思うのである。この瞬間には、労働の生産力と労働の再生産との均斉ある人間生活を、自然からくみとる手段として、技術はなんらの矛盾もなく盲目的なかたちでやすらいでいるすがたが現われているのである。

しかしこのようなやすらかな状態はうち破られた。技術は一方において労働の生産力をたかめはしたが、また他方では労働力の価値をひくめてゆくという矛盾にみちた進路をとらなければならなかった。Stuart Mill とともに、「従来なされた一切の機械的発明をもってしても、何人かの日々の労苦が軽減されたかどうかは疑わしい」のであり、そればかりか労働の価値は相対的には低下の一路をたどらねばならない状況を見なければならなかった。資本主義化の過程をはじめたとき、人間の技術は、人間を疎外する技術としておのれの姿をあらわしてきたのである。技術が狂暴なる生産の衝動に身をまかせたとき、技術は盲目的な威力としてひとびとのまえに立ちはだかり、ひとびとの労働を強化し、失業はさらに労働の価値を低下させて生活をおびやかした。ひとびとは技術を呪い、機械の破壊をこころみた。Luddism 機械破壊運動はひろがって行った。そうして、ひとびとがその戦いの的を、技術そのものから、技術の資本主義的充用に転ずることを知るまでには、永い時間と経験とを必要とした。

そうなってくると、また資本家的利潤追求の欲望もそのかたちを変えざるをえなくなる。かつてのように労働力の単なる掠奪からは、もはや生産力そのものもたかめられないということを目覚めた近代産業資本は知らなければならなくなった。与えて奪うというかたち、すなわち労働の再生産行為のために最小限を与えるということが自らの利潤追求のために不可欠の条件であることを見ぬくことができたのである。

企業者の労働者住宅の供給などはその端的な表現であるばかりでなく、あらゆる慈恵的な社会政策はこの利潤追求の欲望の逆説的な表現であった。初期の都市計画、主として公衆衛生の立場にたつ住宅政策を基調とした先進資本主義国のそれは、——ここではナポレオンのパリー改造やドイツの表通りの見かけの街区整理などの封建的な都市構築は問わない——この社会政策の一つのあらわれであったのである。

ともあれ、ここでは労働力の保全が生産力にとっていかに必要であるかという第一の問題を発見しえたのであった。さらにしかし、われわれの前にはより新しい問題の展開が予想されているのである。すなわち、第二の自覚が、うながされてくるのである。

「現在アメリカのどこでもよい、町を通る男を捉えてその所信を質してみるがよい。彼は生産が必然的に消費を追越すこと、しかも永久にそうであることを確信している。彼は一種の慢性的過剰生産が避けがたいことを認めているらしい。一方この男は機械が技術方面の失業を生むこと、失業が恒久的な禍となったことを信じている」André Siegfriedをしてアメリカの市井の一人の男の口を籍りて語らせているこの大恐慌のすがたは、生産の狂暴な衝動に身を委せた技術は、すでにいかなる慈恵政策をもってしても人間の幸福をもたらさないことを尖鋭に表わしているのである。世界はここに、自由か、計画か、という二者択一の岐路に立たざるをえない。近代生産力のこの段階では私的自由企業の放縦なる活動からは、人間の幸福をもたらしえないし、生産力自身もまた向上しえないことを自覚しなければならなかった。「吾人は苦い多くの経験によって、無計画のために起る人力の浪費をよく知っている。諸所で聡明な僅かの都市のみが将来を見越して計画を樹てていたにすぎない。しかし合衆国は「今まさに成長」の域に達せんとしている。今後は一層広汎に亘って計画を立つべき時である」。一九三三年ニューディールの一環としてTVA〔テネシー川流域開発公社〕に関する立法を提出したときのルーズベルトの教書の以上の叙述は、まさにその自覚の一つの表現に外ならないであろう。そうして、幾多の自由企業者の熾烈な反対をおし切って進められたTVAの計画の実りについて語る彼の語調はしだいに誇らしげになってくる。「政府は――これに対して余は何と申してよいか知らぬが――この開発事業に対して無茶な反対論が相当あることを知っている。しかし時が経つにつれて、この反対論も漸次解消してきており、ついに実際上の経験の光にてらされて、まさに解消しようとしていることもまた認めている……ここの住民には……多数の冷蔵庫が設備せられた……このことは金銭だけでは買い難い何物かを意味する。すなわちそれは、人間の幸福がそれだけ増進したことを意味する。電気料理器、ストーブその他数十種のもの等……吾人が共同して働きさえすれば、発見という点ではたいして新しいものもないが、この国のどこに行っても米国の生活では一日でも必要欠くべからざるこれらのものの利用を通じて、人間生活を改善することができるように思う」。このような民富と人間の幸福は、もはや私的生産力の地盤からは生れてはこない。いかに慈恵政策をもってしても私的企業は人間の幸福をもたらすことはできない。近代生産力のこの段階では、もはや私的企業のなかからは、その向上は期待することは不可能であることを知らねばならない。これを資本家的立場に即していえば、すでに私企業の体系のなかでは、もはやより以上の利潤の追求は求められえない時点に立ちいたったことを、聡明な頭脳は認めざるを得なくなった。

　近代生産力は私的企業のなかからではなく社会的生産力として発動するという思想は、イギリスの正統派経済学者の今日を担う人々のあいだでも確認されざるを得なくなってくる。

すなわち、労力と資本設備とを二つの要素として、近代生産力は発動するのであるが、まず第一に、労働の再生産がいかに生産力にとって重要であるかを自覚しなければならなかったのであるが、この第二の時点にたち至って、資本の再生産過程の理解がさらに深められ、たんに目の前の資本設備の再生産だけではなく、より基盤的なる設備として、より社会的なるものすなわち都市および国土の装備の再生産過程が、近代生産力にとっていかに重要なものであるかを認めざるを得なくなったのである。この社会的生産力の概念によって、はじめて一切の建設が——工場から住宅の建設さらに道路、交通機関その他さらにその相互関連の一切の都市および国土の装備の建設が——さらにそれらの計画的建設が、生産力と人間の幸福との循環過程のなかで確固たる位置づけを与えられ、さらにそれが人間の幸福へと循環されてゆく過程があきらかにされたということができるであろう。

社会的生産力の概念が理解するところでは、都市は近代生産力をつくりだす巨大な工場である。もはや一工場のなかからは近代生産力は生れてはこない。都市および国土の装備は近代生産力の基盤である。これを循環の他の側面でとらえるならば、都市は近代的人間生命力を再生するための装備である。

この概念は建設技術の本質的なありかたについてさらに深い思索の展開を予想させるであろう。しかしわれわれの論題はここに立ちどまることを許さない。われわれを今とりかこむ諸状況の展望をこの立場においていかに理解するか、が求められているのである。

3

いま、傷つけられた生活の姿は、経済不安のなかにすなわち過少生産の危機とそれに伴うインフレのなかに集中的に現われている。この事実は一応、現象的にはつぎのように理解されるであろう。

戦いのあいだ、あらゆる生産が無謀な戦争手段として完全消耗されている間、労働力の再生産は全く顧みられることなく、人間生命力の極端な切りつめが行われてきたとともに、資本設備の磨滅は放置されていたばかりでなく、近代生産力の基盤としての都市および国土の装備は生産施設の配置の不合理、国土の体制がまだそれを支えるにたる動力、交通などの装備をもたないところに行われた生産施設の分散による配置の極端な不合理、さらに都市機能の麻痺状態、そのうえに加えられた空襲被害などのかたちで荒廃にまかせられ、それに由来する労働の生産力の低下は、すでに戦いの間に見られたのであるが、それらの破局的な様相が敗戦の今過少生産の危機として現われているのである。それとともに、軍国的色彩のなかに一見、近代的産業資本に成育したかに見えた資本は、ことごとく反動化して、再び封建的商業資本に立ちかえり、無軌道をきわめた流通の攪乱をなしつつあるということが、インフレによる経済不安をますます加重しつつあるのである。

これの対症として、今われわれが与えられている方策はこうである。生産の再開は石炭を頂点とする傾斜生産の方式で唱えられ、その他の産業、さらに国土の装備、都市の施設はその荒廃にまかせられ、生活は物価と賃金のバランスのなかに、極端な耐乏が強いられているのである。この方式のなかに、経済安定の名において、あらゆる建設が極端にきりつめられた枠づけを与えられ、そうして多くの建設技術者は、それらの経済計算に参加して、そこから与えられた枠のなかでいかにして合理的な建設を行うかについて苦しい工夫をこらしているのである。限られた資源しかもたないわが国を閉鎖して考えなければならないとするならば——この自力更生の悲壮な決意はしかし、不可能を可能と信じた戦時経済とその物動計画が犯したように、すべての生活を破滅にみちびくためのものに過ぎないであろうということを充分反省しなければならないのであるが——これらの方式が止むをえぬものであることをわれわれは全く認めないものでもない。また建設技術者の苦しい努力に同感を全くこばむものでもない。それはわれわれの新しい課題、すなわち経済均衡と建設、いいかえるならば建設の計画化という課題が浮び上ってくる端緒をえたからである。

しかし同時にわれわれは、それに対する批判をおこたることはできないであろう。ではすでにふれたところの社会的生産力の概念は、このことをいかに批判するであろうか。こうである。経済均衡と建設いいかえるならば建設の計画化は、近代生産力の構造を理解することなしには、求められない。ということは、建設の計画化とは、建設が近代生産力の循環過程のなかに基盤的な役割を担い、そうして主体的な力をもつということの理解を、経済均衡という思考体系のなかに導入することによってはじめて成立するものであって、逆に、あらかじめ経済均衡という思考が外にあって、外から建設の枠づけをなし、その与えられた枠のなかで工夫をこらすことであると考えることは、全く転倒した思考であって、近代生産力の理解のなさを示しているものといわねばならない。

これは、経済の計画化の一般的武器であるところの理論経済学が、近代生産力をいかに理解しているかにかかわるものであるが、しかし、理論経済学はまだ充分には成長をとげていないのであって、近代生産力については、――都市および国土の装備が近代生産力の基盤的役割を行いながら生産の循環過程のなかに主体的な力を担っているということについては――社会的生産力として概念的に理解しているにとどまり、なおまだ理論的には把えておらず、したがって計測不可能の範囲としているのであって、その理論を機械的に移入したわが国の経済計画のなかでは、これに対する考慮は全く払われていないのである。

たとえば石炭を頂点とする傾斜生産方式を考えてみよう。石炭にあらゆる資材と努力を集中したとして、生産力の基盤である都市および国土の装備はその荒廃のままに打ちすてられてあるとしよう。その時いかなる現象が生ずるか。比喩的にいうならばこうである。ピラミッドの配列をとって平面上に並べられた球の力学系を考え、頂点の球に衝撃を与えたとする。いま力学理論においてたまたま地盤の摩擦は計測不可能であるとして思考から除外したとすれば、その衝撃は底辺の多数の球に分配されてそのままの力として伝えられてゆくと考えざるをえないであろう。同様に石炭を頂点とする生産力体系では、最初の石炭の生産は、次に鉄の生産を、――それがさらに石炭の生産に還流しながら――次には生産財の生産を、さらに消費財の生産とその力を伝えてゆき、最後に働くひとびとの民富にまで伝えられてゆく計算になるのである。しかし荒廃にまかせられた生産力の基盤は、あたかも球の置かれた摩擦多き地盤にもたとえられるのであって、最初の衝撃はたちどころに摩擦のために浪費されてゆき、運動はただちに停止せざるをえないのである。石炭についてわれわれはこのことをあまりに多く見聞しているのである。いま、封建的資本の跳梁によるそれの横すべりは問わないとしても、まず山元における居住施設・採鉱施設の荒廃が石炭を浪費している事実、さらにそれが鉄部門に入りくるまでに、運送、荷役による浪費さらに鉄部門における工場施設の荒廃さらにその配置の不合理のための浪費、その他多くのことを見聞するであろう。石炭を頂点とする生産力体系を疑うものはないとしても、石炭の増産が生産力体系に力を伝導してゆく過程には疑問の余地を多分にのこしているのであって、たんなる浪費のための増産になることを恐れるのである。

このように粗放な経済計算から建設の枠が割りつけされ、さらにそれが極端に切りつめられていることは、そうして都市の土地利用の合理化のための建設、さらに住宅建設が生産力に寄与する意義を過小評価している現実は、建設が近代生産力循環のなかに占むるところの主体性の意識を喪失した最も端的なあらわれであろう。生産力体系がより近代化をとげているところでは、建設による社会的生産力の基盤の装備が、より重大な意義をもってきており、資本家的立場に即していうならば、それをより直接に自らの資本設備の一環として意識しつつあるのである。資本の投下における比率においても、直接工場設備その他の企業内施設に投ぜられるものに比べて、それの社会的生産力の基盤の装備としての公共事業への投資の占むる比率はより重きを加えつつあるという事実は、このことを明らかに語っているであろう。この事実は、かつてのごとく建設はつねに生産力に追随してゆくと考えられていた私的生産力の理解をくつがえし、計画的建設が近代生産力の基盤として果たす主体的な力を意識せしめるに充分であろう。

しかし社会的生産力の概念は、過大生産の矛盾からはじめて生れてきたところのものであって、いま過少生産の危機におかれているわれわれとは関係がないことであると反問されるであろうか。しかしそれは近代的生産力についての理解のなさを端的に表明しているに過ぎない。近代生産力は過大であろうと過少の危機にあろうと、つねに生産力が近代生産力として発動するところには、つねに広汎な基盤が必要なことであり都市あるいは国土はそれ自身一つの工場であり、近代生産力は決して一私企業の工場のなかからは生れてはこないことを銘記しなければならないであろう。

いうならば、建設技術は社会的生産力の基盤をつくり出してゆくところに、そうしてその生産力を媒介として人間の幸福に寄与するところに、その意義が見出されるものであり、そうしてそのような生産力の理解を経済均衡の体系のなかに導入するとき、はじめて建設の計画化が人間の名において主体的に成立しうるのであり、またいまそのことが最も強く求められているのである。

4

都市の計画的建設、さらに住宅建設、これらの建設がいま、顧みられる余裕がないばかりか、それが、まちがったかたちで為されつつあるという事実こそ、われわれ建設技術者が注目をおこたることのできないところである。この事実を一応、現象的につぎのように理解してきた。こうである。現実の経済安定の政策の範囲内では、計画的建設が社会的生産力の基盤として生産力に寄与する主体的な意義が充分理解されていないことを指摘し、その反省を求めたのであった。

さらに、建設工業が現在、経済不安の集中的な表現であるところのインフレにたいして、まことに決定的に、促進的役割をなしつつあることによって、経済安定の立場からは恐怖をもってながめられていることがこれらの建設を政策的に姑息なものとしていることはいなめないであろう。

しかしいま、これらの問題がこの敗戦を契機とした一時的なありかたをしめしているのであるならば、われわれは、単に時間の問題として待つこともできるであろうし、世に散見するいわゆる建設の長期計画に期待をかけることができるであろう。

しかしこれらは、もはや一時的な現象ではなく、歴史的社会の構造的な危機の表現としてあらわれてきつつあることを見出さなければならないであろう。都市が戦災の惨憺たる荒廃から一見立ちあがりつつあるかに見える姿が、実は合理的計画からは、しだいに遠ざかりつつ都市機能の慢性的な麻痺状態をつくり出しつつある事実、さらに住宅が戦災の顕在的な不足から今しだいに潜在的な不足のかたちに変貌しつつある事実こそ、これらが一時的なかたちからしだいに慢性的なものへ、すなわち歴史的社会の構造的な表現に問題性を露わしてきつつある事情をしめすものである。この現実を見つめるとき、われわれの前にはさらに広い視野が展開されてくるのである。すなわち、民主革命の歴史的な必然性がわれわれの外部の世界の出来事としてではなく、われわれ内部の必然的な課題として、ひしひしと感得されてくるのである。そうして、われわれの建設にとって、歴史的社会の危機がもっとも集中的に表現されたものとして、都市の土地支配関係における封建性と建設工業機構の封建性に遭遇しなければならないのである。われわれの課題は近代と封建とのたたかいとして自覚されてくるであろう。

わが国都市の土地所有関係は零細土地所有であり、それがますます零細化しつつあるのであり、これが都市の土地利用の合理化を阻害しているといわれているのであるが、はたして正しい問題の理解であろうか。こうである。わが国の近代化が一方において封建的な農村をそのまま停滞させながら一方において近代工業を軍国的に育成することによってなしとげられてきたことは常識となっているが、その間にあって、封建的資本が——産業資本にまで近代化をとげていないところの高利貸資本、または問屋資本としての商業資本が——二つの産業部門に寄生し、自らのもとに零細な独立企業を広汎に隷属させながら、それを育成してきたという事実、それら数において都市の圧倒的比重を占める独立零細企業が——すなわち家内商業、家内工業等——自らの企業を開始するためには、近代都市市民の特性をなす自由なる移動性をもつことが本来できなかったし、そこに零細土地にたいする所有または使用の必要にせまられていたという事実、ところが土地にたいする小規模なかつ多数の需要が存在するところでは、地代の法則がしめすところによれば、それは非合理な高さまでもち上げられざるをえない。しかもそれが非合理な高さにまで達すると、それは地代という合法的なかたちでは存在しえなくなって、権利金その他の非合理なかたちで現われてくる。そこに、権利関係を通じた土地の支配関係が、土地の所有関係とは独立に生じてくる。この関係はこうである。独立零細企業者が事業の開始に際して投資するところの資本のうち、まったく利潤に廻転しえないところのこれら土地に附随した権利金に支払われるところの比重はしだいに高率になってくる――これはいま、われわれを驚かすほどの比率、場合によっては全資金の過半を占める比率を示しているのであるが――さらにその資金は多く、さきの封建的高利貸資本から前借のかたちをとっているのであって、高利を支払わねばならない重たい負担となっている。そうしてその高さは、独立企業者がようやくその家計を維持しうる限度にまで高められてゆく。この負債関係を通じて土地の権利関係はしだいに封建的資本の手にゆだねられてゆかねばならない。このようにして都市の土地支配関係を、土地所有関係から切りはなされたかたちで、封建的資本がつくり上げてゆく。さらにこの関係のなかに置かれた土地所有者は正当なる所得の途をも圧迫され、土地所有をしだいに零細化してゆく。

これがわが国都市の土地支配関係の封建性であり、土地所有の零細化は、その逆説的な表現現象にすぎない。この支配関係が、都市の土地所有形態の資本主義的近代化・大土地所有をはばんできたことは、イギリス、アメリカとわが国あるいはドイツなどとを比較するとき明らかであろう。後者、すなわち封建的土地支配関係が行われているところでは、それが一見独立小企業者の零細土地所有または使用関係の小市民的ないざこざ関係として理解されるために、土地問題はもっぱら区画整理といういかにも公平に見えるような方式で処理され、そのいざこざを整理しようとしてきたし、先の近代化をとげているところでは、区画整理よりは一見はなはだ強圧的に見える土地収用その他の方式が社会的立場から是認されてきたのであり、さらにイギリスでは最近、都市農村を通じた土地利用の国家管理が強行されているという事実は、その間の差違を物語るであろう。

しかしこの支配関係は敗戦のいま、ほとんどすべての資本が産業資本から商業資本へと反動しつつあるところでは、封建的土地支配関係は、商業的封建的資本の本性をもっとも露骨にしめし――産業資本が生産過程から利潤を作りだすに反し、商業的・封建的資本は流通過程から利潤を抽きださなければならないために、商略的、欺瞞的であり、掠奪的、海賊的性格をその本性にもつのである――それは欺瞞的、掠奪的表現をとって現われてくる。この封建的資本の担い手の圧倒的比重は、後にふれるごとく、土建業者が占めており、これがいま、所謂何々組と呼ばれる地廻りであり、ボスであって、それらが都市の土地利用の合理化を阻害しているのである。その欲望の期待は単に盛り場だけではなく、さらに都市中央部の住宅地にまでのびており、その支配がいよいよ露骨に、働くひとびとの住宅を、より辺鄙な遠隔の地域に排除しつつあるのであって、社会的生産力の基盤としての都市を麻痺状態に導きつつあるのである。

ここではもはや、土地問題の解決は、小市民的いざこざの解決ではなく、より深い封建的土地支配関係への戦いでなければならない。問題はであるから、もはや区画整理の方式のみでは何ひとつ解決しえないということであり、このことをようやく覚ることができたはずである。

われわれにとって、いま問題性を投げかけているところのものは、都市の土地所有関係ではなく、都市の封建的土地支配関係でなければならない。しかるに土地改革の問題を、一般的な地代論に還元し、その不労所得的性格にたいする正義感から単純に土地国有論や土地国管論をみちびきだしているのであるが、それらは何らの実践的解決を与えないであろうし、さらに農地法への対抗意識からつくりあげられた官製の宅地法の草案のごときは、むしろ滑稽というほかはない。

この解決は単なる正義感にもとづいた上からの慈恵政策をもってしては得られないであろう。これは、この事実の社会構造が科学的に分析されることによってさらにそれに基づいた認識を自らのものとした市民が――独立小企業者、勤労者、すべての市民が――封建的資本から闘いとらねばならぬところのものである。われわれ建設技術者の課題は、この封建的土地支配関係をさらに分析し、それが社会的生産力の基盤を崩壊にみちびきつつある事実を確認しなければならない。しかるに聞くところによれば、さきに大規模に行われた宅地調査において、この支配関係には全くふれるところがなかったという事実は、わが国都市の土地問題のありかについての理解のほどを示すものと云わねばならぬであろう。

しかしさらになお、われわれ建設技術者は建設工業機構の封建性に遭遇しなければならないであろう。これがわが国の民主化にとって重要な阻止的な癌であり、さらに今われわれの経済を破壊にみちびきつつあるところのインフレにとって最も促進的役割をなしている――この後の事実はまた、われわれの建設を阻害し、為政者をして建設それ自体を恐怖せしめているところなのである――この戦慄すべき事実に目を覆うことはできないであろう。

これを一言をもっていうならば、建設工業はなおまだ近代的産業資本のものではなく、封建的商業資本の支配にまかせられているという事実につきるであろう。いわゆる負請会社とは、古い封建的な親方関係によって結びつけられた大工・左官・鳶職その他の職人組織をそのままのかたちで、封建的資本がそれを利用している形態であって、底辺にそれらの近代的な組織をもつことのできない職人層を置き、その上に段階的にピラミッド形の支配形態をつくりあげ、その内部の各頂点には、問屋的・高利貸的ボスが坐り、最後の頂点に所謂負請本社という封建的資本が寄生しているところの組織である。

ピラミッド系列のどの中間の頂点をとってみても、どれ一つとして近代産業資本に成育しているものはない。セメント工業、ガラス工業、製鉄工業など近代産業形態として発展してきたところの建設資材工業は、そのピラミッド系列のなかに存在することはできず、ただそれらの製品がピラミッド系列のなかに入りくるところでは、常に封建的資本が介在して、その製品が次の封建的資本の手にうつるまでに、どれだけの鞘がとれるかだけを問い、それを建設に投資することには本来の意義を見出してはいない。そこには、さらに頂点の本社についても、合理的な企業計算などは存在しえず、流通過程における商略だけが意義をもってくる。そうして、いくつかの本社の間には談合が行われて、国民の建設力を独占的に封建的資本の手にゆだねてしまう。これらの封建的資本の攪乱的流通作用の過程を通じてわれわれの経済のインフレ化を強力に促進してきたのである。さらにそれらの資本は先に述べた土地の封建的支配と必然的に結びつくことによって、地廻り親分等の封建的な関係を育成しつつ、われわれの民主化をはばんでいる。しかもなお、それは職人層を未組織労働者としてとどめてしまい、それら働くひとびとの近代的意識を喪失させつつある。

この封建的機構が、建設をして社会的生産力の基盤としての意義を失わせ、建設がひとびとの幸福への途となることを阻止しているところの、社会構造的な表現である。このことは、建設工業が夥しく多種類の素材を必要とすること、その需要が時間的に間歇的であり、地域的に移動的であるという事情をもってしてももはや弁護することはできないのである。建設技術者は、建設がいかに人間の幸福をもたらすか、を自らの使命とする限り、このことに無関心でありえないであろう。われわれはこの封建性をあますところなく分析してゆかねばならぬであろう。そうしてそれが、社会的生産力の基盤をいかにあやまったかたちに構成しつつあるか、さらに、それが人間の幸福にとって、いかに阻害的であるかを、より明らかにしなければならないであろう。

都市建設にとって、集中的に問題性をもつところの封建的土地支配と建設工業の封建的機構は、さらにわれわれの日常に、より直接的な住宅問題についても、最も基本的な問題のありかを示すものであることを見出すであろう。と同時に住宅問題の視野の中には、さらに広い社会構造の表現が、あらわれ、それとして問題性をなげかけていることを見出すであろう。

一方において四〇〇万戸の不足が唱えられながら、その住宅不足が潜在化しているという事実をわれわれはいかに理解しなければならないであろうか。恐らく戦前の居住水準に比べると、四〇〇万戸不足という算術計算にははなはだしい狂いはないであろう。しかしそれが算術計算に終るならば、そこからは何ら問題解決の糸口は出てこないであろう。現に住宅難は潜在化して、政治問題からは、さらに一歩後退さえ示しているのである。

問題はその潜在化がいかなるかたちで行われているかということであろう。その全貌を把えることが問題解決への糸口となるのであるが、いまだ明らかにされるに至っていない。が今いいうることは、こうである。第一は著しく切り下げられた居住水準として、第二はその所を得ない住居すなわち極端な遠距離通勤として、行われているのである。しかも、それが算術平均的なあり方から、しだいに社会構造的に表現をとって、あらわれてきつつある、ということである。そうして、それが敗戦による一時的な問題ではなく、より慢性的な性格を示しつつある、ということである。

住宅問題を集約的に見出すことのできる東京を例にとってみれば、現在一人あたりの居住面積は二・五坪から三坪の範囲にその平均があると考えなければならない。それは、建築学が示すところによれば、夫婦が他の成年男女と同室に寝ないという条件を満たすための最小限であるとされる三坪を割っているのである。しかも、部分的ではあるが、一、二の住宅調査が示すところによれば、その事例の度数分布はその平均点を境として、敗戦後しだいに両極に分化しつつある。すなわち、一方の余裕化の極をさらに余裕化しつつあるとともに、他方の極では圧倒的な切り下げが余儀なくされつつあり、いいかえるならば、夫婦と他の成年男子とが同室に寝なければならない機会がいまなおしだいに多くなりつつあることを示すのである。これは社会構造の必然性が見事に貫徹されているところであって、単なる敗戦の一時的現象ではありえないのである。そうして働くひとびとが、いずれの極に向かわねばならないかは、おのずと明らかであろう。

さらにまた、働くひとびとのための真に技術的光明とされている住宅の工場生産は、封建的の建設機構のなかからは生れでることができないばかりか、それらの封建的資本の攪乱的流通作用は、すでに発足しつつあった住宅の工場生産機構をも崩壊に導きつつあるのである。

しかしさらに、第二の潜在化が遠距離通勤のかたちで行われつつある。働くひとびとが、都市の中央部から周辺へと、しだいに排除されてゆく過程は、資本主義の大都市には必然的現象であるが、しかし、とくにわが国のように封建的土地支配の欲望の期待が露骨にあらわれているところでは、このように排除されてゆく過程は急速になしとげられつつあるのであって、これを一時的住宅不足の結果として簡単にいい切ることはできないのである。人間的水準をはるかに割った営団住宅が、しかもあたかも都市から逃避したように人目にもつかない辺鄙な土地を撰んで、なおかつ働くひとびとのための住宅と銘うたれて建設されていた事情とそうして都市内の住宅地はいまなお、焼けあとのままに残されている光景とを対比してながめるならば、この間の問題のありかが明らかに見とられるであろう。日々半日近くを不快な通勤電車のなかに過ごさねばならない働くひとびとが、いかに働くための生命力を消耗しつつあることであろうか。これらの潜在化された住宅難が、いかにひとびとの道徳を頽廃にみちびき、厚生を蹂躪しつつあるか、そうして社会的生産力の基盤を麻痺させ、それが再び働くひとびとの生活を縮小過程におしやっているか。このことは、さらにより明らかにされなければならないであろう。

それにもかかわらず、都市の計画的建設、さらに住宅問題解決のための政治力が存在しないということは何故であろうか、それはすでにふれたように、都市問題のありか、住宅問題のありかが、科学的に分析されていないこと、いいかえれば、それらが社会構造の的確な貫徹であって、たんに一時的現象でないということの認識が不充分であったからに他ならない。それら問題解決の政治力の担い手は、今たまたま住宅に困っている人、あるいは今土地のいざこざに悩まされている人の単なる烏合にあるのではなく、その必然を身に受けているひとびと、すなわち働くひとびと――零細な独立企業者をもふくめた――であろう。いうならば問題解決の政治力は、近代を担うひとびとが封建的なものにたいする闘いとして、はじめて生れてくるのである。

しかしこの間にあって在来の大家店子、あるいは地主借地人の封建的義理人情の世界が、問題のありかを曖昧にしてきたことを、また見逃すことはできないのであるが、だからといって問題を人情や義理で解決しようとしたり、上からの慈恵政策で処理しようとしても、その実践的役割は果たしえないであろう。

この慈恵政策の一環として、いま臨時建築制限令をもって住宅問題に当り、さらに区画整理事業によって都市建設の実現を期しているのであるが――これらの問題のありかの社会構造的な分析をさらに深め、それを広く知らすことによって、問題解決の民主的な力の結集を求めることを、怠るならば――建築制限令も、区画整理も、善良なる幾多の建設技術官僚を酒宴と贈賄の堕落に投げこんでしまうにすぎず、問題の解決をなしえないであろうことは、現実の事態がそれを明らかにしているであろう。

結

以上の叙述はきわめて粗雑なものであるけれども、ともかく、われわれがここに探求しようとする問題のありか、とその理解のしかたについては、ある程度、見とおされうるようになったのではないかと思う。こうである。われわれが今、この歴史の悲惨な時期に際会して与えられた課題は、平和的民主改命と経済均衡の回復ということであった。そうしてそれにたいして建設技術が担う役割をつぎのように考えることができたのである。まず、建設技術は社会的生産力の基盤をつくり出してゆくところに、そうしてその生産力を媒介として人間の幸福に寄与するというところに、その主体的な意義が見出されたのであった。そうしてその生産力の理解を経済均衡の思考体系のなかに導入するとき、建設の計画化がはじめて人間の幸福の名において成立するのであって、あらかじめ経済均衡がそれ自体として建設とは独自に存在し、外から建設を枠づけし建設の計画はその枠のなかで行われると考えるごときは、錯倒した考えであることを指摘し、われわれ建設技術者の深い反省を期したのであった。そうして建設の計画化が、近代的人間の幸福の名において今われわれ建設技術者の重要な課題として登場してきた必然性を、さらに深く感じたのであった。

しかしわれわれは、さらに新しい視野を要求されていることを見出さねばならなかった。建設の計画的遂行が近代的な人間の幸福の名において今求められているにかかわらず、われわれの多くは、それを阻害しつつあるところの現実に遭遇しなければならなかった。このとき民主改命の歴史的な必然性をわれわれの外の出来ごととしてではなく、われわれの内部の必然的な課題として、ひしひしと感得することができたのである。そうして、そこに封建的なもの——わが国社会構造のなかに強く根をはってきた封建的なもの——に遭遇したのである。この封建的なものは、建設の内部においてもあらゆるところに現われているであろう。しかしそれは、都市の封建的土地支配と建設工業の封建的機構のなかに、もっとも集中的に表現されているのであった。そうしてこのような状況にたいする無自覚が、われわれ建設技術者からその主体性——人間の幸福のための建設技術のありかた——を放棄させている悲しむべき現実をも見出したのである。

われわれの課題は、近代と封建とのたたかいとして開始されるであろう。民主改命の平和的進路が示すところによれば、それら封建的なものは漸次一つ一つ打ち破られてゆくであろう。われわれは建設をめぐる封建的なものを、余すところなく分析してゆかなければならないであろう。それが建設における民主的な政治力を生みだすところの意識の誕生を意味するのである。このとき、われわれは、はじめて平和的民主改命の担い手となることができるのである。

さらに建設の計画化は、そのたたかいの実践的な役割の担い手としての意識を常に持つことを求められているのである。それなくしては、建設の計画化は、人間の幸福への途から、計算のための計算に転落しなければならないであろう。

（初出『建築雑誌』一九四八年一月号）

明日の都市への展望

私は永いあいだ、この北九州について都市計画家として、大きな魅力を感じておりました。近代的な生産力の体系が、ここほど典型的に示されているところは他にないからであります。その土地に来る機会を得ましたことを、この上もなく幸に存ずる次第であります。しかし、私はこの土地にはじめて参ったようなわけでありまして、その私が、皆様の前で、北九州についていささかともその将来について何か触れなければならないとすれば、実に冷汗の出る思いであります。

私は敗戦後いくつかの都市を、広島や呉や、また関東のいくつかの都市を、復興都市計画の立案のために長く滞在して調査をいたしましたり、またその後の状況を見聞する機会を得ました。そうして得ましたいくつかの見聞が何かお役に立てばと思いまして、この壇上におこがましくも立っているのであります。

そのなかで最も強い印象を得ましたことは、次の事実であります。都市は焼野ケ原になってしまいましても、決して白紙ではないということであります。都市はいつでも元に帰ろうとする生きた力をもっております。白紙のうえに理想的な将来の都市の姿を描いても、そこからは決して新しい明日の都市は生れてはこないということであります。いつでも元の古い都市、私たちが清算し、克服してゆこうと思っているような昔のままの都市が、そのまま再び生き返ろうとしております。ちょうど、白紙の上に見えないように、薬で文字が書いてある子供のいぶし紙の遊びにあるように、その宿命づけられた文字がいぶせば現われてくるのに似通っています。

都市は灰燼に帰したからと言ってもそれは決してただの白紙ではなく、古い勢力がその白紙のうらに見えないようにかくされているのであります。機会あるごとにその古い勢力が自分の姿を現わそうとしているのであります。

多くの都市は、焼野ケ原の上に白紙の上に描いたような将来の理想図を立案いたしました。しかし多くの都市のその計画は、隠れていた古い勢力のためにしだいに侵蝕されて、元の木阿弥に帰ろうとしています。現在は、都市計画の危機であります。その危機を救うものは何かと申しますと、私は端的に、新しい生活を求める人たちが作りだす世論であると信じるようになったのであります。

明日の都市は、結局のところ、古い勢力と新しい生活を支持する世論との力の関係によって決定されるのであります。

ここで私はこのことに関連するいくつかの事実をお話ししてみたいと思うのであります。

都市は一方から見れば、家庭生活を社会的に営んでゆくところの基地であります。他の側から見れば、人びとが家庭から出て社会的に労働するところの場所であります。

これをいいなおしてみますと、都市は近代生産力を作りだすところの一つの大きな工場であり装備であります。さらにその生産力を作りだす働く人びとの力を、再生産するために日々の家庭生活を営むところの基地ともなっているのであります。

私はまず、その一つの側面である家庭生活を営む基地として、最も基本的な装備であるところの住宅のことから入ってみたいのであります。

住宅の、封建的なかたちから、近代的なかたちへの移りかわりは、まず儀礼的な、格式的なものから、合理的な、科学的なものへの発展であります。その発展の基本的な線は、住宅平面の食、寝分離に現われてまいります。食事室と寝室とが分離してゆくことが、家庭生活を合理化し、能率よくしてゆくことにつきまして、また、それが一家の主婦を家事労働から解放してゆく過程につきまして、すでにお話がございましたからここではふれないことにいたします。

この食、寝の分離は、また個人の寝室が確立してゆく過程でありまして、西洋でもこの寝室が確立するようになって、はじめて近代的な個人の個性が生れてきたと言われております。日本では広い余裕のある住宅においてさえ、固定した寝室をもつものは今でもまだ稀であります。まして余裕のない住宅ではなおのことであります。私たちは、道徳的に考えてみまして、まず夫婦は独立の寝室をもちたいものであります、一家が雑魚寝の状態では倫理は保てませんし、疲労の回復も充分には行われないでしょう。

食、寝が分離し、さらに夫婦のための独立の寝室をもつためには、住宅の広さは少なくとも一人あたり三畳を必要といたします。これは人間の生活にとって最小限でありますから、これ以下では人間以下あるいは動物的の生活水準と申さねばなりません。ところが敗戦後四年を経た現在なお、戦災都市の大部分ではこのような水準にある住宅が五〇%以上を占めております。この事実は銘記する必要があります。なるほど、これは住宅難だとお考えになられることでしょう。

しかし、さらに銘記しなければならない事実があります。それは戦争直前の頃、すでにこの北九州の大部分の工業都市では現在の状態に近く、人間的水準を割った住宅が、すでに五〇％以上も存在していたという事実であります。

戦前と現在は同じような住宅の事情にあります。しかし、この二つの時期の間には大きな相違があるのであります。戦前の住宅問題は、戦争準備のかけ声のなかで、国家のため、民族のため、という美しい名のもとに、そのような犠牲は甘んじなければならないものと思い込まされていて、問題は社会の表面に出てくることはできなくされていたのであります。しかし、この敗戦後、この戦災をきっかけといたしまして、住宅のことは人びとの最大の関心の一つとなったのであります。住宅にたいする社会的な関心が大きく自覚されてきたのであります。これが二つの時期のあいだの根本的な相違でありま す。

しかし、ようやく現在、この社会的な自覚が、個人的な住宅不安というかたちに解消し、問題は社会の表面から潜在化しようとしているところを多く見かけます。この点に関し、私はこの北九州を期待しているのであります。この土地では、住宅に対する自覚の担当者が、組織をもたない個人ではなく、近代生産力を担っている組織をもった働く人びとの団体であるということに、期待しているのであります。この土地の炭鉱住宅の改善向上が政府の手で強力に推進されてまいりましたことも、この自覚のあらわれであります。この自覚があらゆる団体を通じて、社会的な力をもった世論として生きている限り、住宅の問題の将来は明るいのであります。

われわれの時代は世論の力によって動いてゆく社会であります。住宅のことも、各人が自分だけのことを考えていたのでは、決してどうにもなりません。すでに、まじめに働く人びとは、自分一人で自分の家だけを何とかしようとしても、どうにもならないところまできています。それは団体の力、世論によってでしか、もはや解決されないのであります。

今まで私は、住宅の内に目を向けてまいりました。しかしさらに広い視野をもって住宅を、さらに住生活を眺めてみたいのであります。都市の住宅は、つねに集団として存在しております。住生活もまた集団的に営まれているのであります。日本の旧い家族制度では、家を単位として、固い殻のように社会にたいしては対立しておりました。しかし、その殻を打破り、そのなかの一人一人の個人が単位となって社会につながってゆくという近代化の方向は、この住生活の問題にもあらわれてまいります。集団はたんなる集まりではなく、秩序をもち、組織をもち、意味をもった集団、生活を共同にしているという自覚をもった集団、すなわちコミュニティに発展してゆくのであります。

住宅のことは、新しい生活の建設の問題として考えなければなりません。そうしてその生活の建設は、コミュニティの再建によってはじめて達成されるのであります。

それは生活の共同化、集団化を秩序づけてゆくことであります。住生活の水準は、個々の住宅の水準の向上とともに、また生活の共同化、集団化によって達せられます。

今、会場に展示されているのは、このことに主眼が置かれていることをご覧になられたことと思います。さらにまた生活の共同化、集団化については別の講師の方から詳しいお話があるはずでありますから、ここではあまり立ち入る必要がないのでありますが、一言申し添えておきたいと思いますことは、この生活の集団化、すなわちコミュニティの建設ということはこの戦後、世界全体が真剣に考えていることであります。アメリカやイギリスでも、もしこの戦勝の記念を何か建てるとすれば何を建てたらよいかという問に対しまして、多くの人たち、ほとんどすべての進歩的な建築家はコミュニティを建設すべし、あるいはそのコミュニティの生活の拠りどころになる中心の施設、小さい公園があり図書室や作業室がありまた託児、養老の施設をそなえ、さらに小さい集合場があり、また気持ちのよい、そして安い食事がとれるレストランをそなえたような総合施設、それをコミュニティ・センターと呼んでおりますが、そのようなコミュニティ・センターを要所要所に数多く建設しろ、と答えております。その例も展望会でご覧になられたことと思います。

もう昔のように、ガイセン門を建てたり、将軍の壮大な記念碑を立てたりはいたしません。それよりも、もっと人びとの生活の向上をはかるような施設を建設しようとしているのであります。

わが国のように破れた国でも、あるいは戦没者の慰霊堂を建設しようと思っているような都市を、いくつか知っております。それも結構であります。しかし私は、死んだ人たちよりは、生きている人たちの幸福のために、小規模なものでもよいから、コミュニティ・センターを各小学校の附近に一つずつ建設することを機会あるごとにすすめてまいりました。ここでも私は、そのことをおすすめしたいのであります。これは公共団体、市とか県とか、政府の手によって建設されなければなりません。しかしそれが実現するためにはやはり世論が必要であります。日本のような貧しい国では、まじめに働く人たちの住生活の水準の向上のために、生活の共同化を、特に必要としているということを、この展望会や、後ほどの講演によって充分に認識されて、そこからコミュニティ・センターの建設を積極的に求めようとする世論が生れてくることを期待したいのであります。

このコミュニティ・センターを拠りどころにいたしまして集団的な生活は組織化され、共同化されて、一つのまとまった生活体、コミュニティが生れてまいります。そして、そのような幾つかのコミュニティが集まってゆくとき、都市は日常生活のための健全な合理的な基地となることができるのであります。これは、人びとが働くための力を再生産し、厚生するのに必要な最も基本的な生活の場面であります。

さらに都市は働く余暇を快適に過ごすことのできるものでありたいものです。ハート氏は広島の都市計画について触れられました。私たちもいささかお手つだいをして立案いたしました。その計画図は、恐らくそれが実現するとすれば旧い都市に比べて賞讃に値すると思われます。しかし、その計画を立てるに際して、当事者たちは色々の困難を経験いたしました。恐らくその実現にはより多くの困難が待ちかまえていることでありましょう。例を挙げてお話ししてみることにいたします。

広島市はデルタの上にたつ都市で、多くの美しい川に恵まれております。その川は市民すべてのものでなければなりません。川に舟を浮かべ、川辺を散策する権利は、すべての市民のものでなければなりません。ところが今まで、川沿いの土地は、特殊の商売をしている人たちや、ごく一部の人たちの邸宅に占有されておりまして、市民は川辺を散策する機会をもっていなかったのであります。新しく復興都市計画を立案するにさいして、当事者たちは、川沿いの土地をすべて市民に開放するために、散歩道路にすることを主張いたしました。しかしそれを実現するまでには、永いあいだボスと言われている人たちと闘わなければならなかったのです。そうして、ようやくその一部が市民に開放されようとしております。自分だけの利益を考え、旧い勢力を温存しようとするボスはどこにでもおります。それと闘うということが常に必要であります。恐らくそれに勝つことができたのは市民の声が背後にあったからに違いありません。

話は、都市計画の核心に近づいております。都市は一方から見れば今までお話しいたしましたように市民が日々の家庭生活を営み、働く余暇を過ごすための場所であります。それは言いかえますとRecreation の場所であります。Recreation とは再生産 Re-create

することであります。何をRe-createするのかと申せばそれは働き生産する力を、間断なく再生産することであります。それですから都市は、他方から見れば人びとが働く場所であります。これこそ本質的な点であります。能率よく働きうる都市、そして生産力をたかめられるような都市が勝を制することができます。そのような都市に住む市民の生活は向上いたします。

一つの工場を例にとってみますと、その中の機械や装置の配置が整っており、それが一貫した流れ作業になっているとすれば、そこに働く人びとはそれだけ無駄のない能率のよい仕事ができ、労働の生産性はたかまります。

都市もこれと同じでありまして、全体として一つの大きな工場のようなものであります。

都市のなかのいろいろな施設が整然と配置されており、交通が迅速で、無駄がないような都市に働く人たちの労働の生産性は上昇し、生活は向上してまいります。しかし現状はと申しますと、都市のすべての施設、工場も事務所も官庁の施設も雑然と入り乱れて配置されており、交通は無駄が多いばかりでなく、狭い道路は交通の迅速をさまたげております。

このような点から、都市の交通の問題、道路の問題、さらに施設の用途の問題、たとえば住宅地域、商業地域、工業地域などの土地の用途をきめてゆくための地域制が都市計画のうえで重要な問題であることに気づかれると思います。

迅速円滑な活動、能率のよい作業のできる明日の都市の建設のために、都市計画は必要であり、その実現がまたそこに住む市民の生活を向上させてゆく所以であります。

しかし、残念なことに、私は一部の人たちが都市計画絶対反対をとなえて市民を指導しているような幾つかの都市を知っています。その主唱者が選ばれて市長の席についてしまった都市もございます。

その人たちは多くの場合、土地を投機の対象にしているような地廻りやボスの勢力を背景にもっている人たちであります。そうして、その人たちは明日の都市について無関心である市民たちを煽動しているのであります。

そのような都市にかぎって、商店街復興祭などとお祭りさわぎに余念がないのです。闇マーケットや特殊な飲食店だけはどんどん復興してゆきますが、市民の住宅や住居環境はますますみじめなものになってゆきます。住居環境を住みよい健康なものにし、さらに緑地や道路を作りだすために計画されている区画整理の設計は、ことごとくふみにじられて、元のままの、あるいは元よりは悪い状態が生れようとしております。

土地の上にきざまれた所有や権利関係の目にみえない区画の線が、すべての新しい計画をふみにじって、強い力で元の状態を再現しようとしております。ここにも古い勢力が糸を引いております。

土地の革命が必要であります。

市民たちは、目さきだけの利益を見ていたのでは、明日の都市を、より快適に、能率のよい生活のできる都市をつくってゆくことはできない、ということを、ここで充分に自覚する必要があります。その市民の自覚が、土地の革命を成就させてゆくでありましょう。この点に関しましては私はこの北九州の幾つかの都市を期待をもってながめているのであります。

ここは最も健康な発展をとげてきた工業地帯であります。近代工業の最も基礎的な資源、石炭、そうして東亜の鉄鉱をもった製鉄、そうして電力――水力電気とそれを補う石炭による火力発電によって季節的変動の打撃を受けることもない恵まれた電力――そういう基礎資源をもって、生産力におきまして戦前全国の一〇%近くをもってきたところであります。

さらに、ここで重要なことは、労働の生産性が全国でも最も高い位置をしめていたのであります。そればかりではなく、この地帯の工業の生産性の上昇と相まって、農村も、佐賀、福岡は非常に高い生産の水準にたかまってきていたのであります。この北九州の都市群で、日本の近代生産力の最も重要な部分を背負っている働く人びとは、もっとも進歩的な市民でいられることであろうと存じているのであります。恐らく、ここの市民はいち早く土地の革命の必要を自覚し、新しい明日の都市の建設に協力されることであろうと、期待しているのであります。

しかし現在、北九州の都市群は、すべて危機にあります。日本が置かれている状況の変化に応じて、この北九州は大きな変革期に遭遇いたしております。日本の工業生産力は京浜、阪神により集中してまいり、この地区は現在、全国の四・四%の生産力を担当しているに過ぎません。

この地区は、東亜の鉄鉱を失ったばかりか、戦時中のように東北の鉄鉱を鉄路はるばる八幡まで輸送をあえて行っていたような没経済的なことは許されなくなったでありましょう。九州炭は現在、その過半が阪神へ、遠くは京浜まで送り出され、地場消費は四五%にも及ばない状態にたち至ったのであります。そうして、ここの産業構造は金属、機械工業から、化学工業へと徐々に変化をとげつつあります。

この変革に応じて、ここの都市群は再編成を必要とするに至っているように思われるのであります。この問題について、深く触れることはできませんが、私の卑見を申しますならば、この土地の石炭、電力と、中国、瀬戸内海西部地帯の化学工業資源との結びつきによって、瀬戸内海総合工業地帯へと発展してゆくことが、この北九州の現段階における状況であるように思われるのであります。そうしてここの都市の明日は、この瀬戸内海総合工業地帯の今後の工業的発展によって決められてゆくと申しても過言ではないでありましょう。

私は、この総合工業地帯の建設のために、総合地方計画の必要を痛感し、またそれに大きな魅力と期待をもっているものであります。その一環として、北九州の都市群の工業的地勢を整備してゆくための都市計画の役割が重要な意味をもっておるのであります。

しかし残念なことに、私は寡聞にして、この北九州の都市群の間においてさえ、総合的な地方計画をもっていたことを知らないのであります。相互に相協力しながら、都市計画を遂行しようとする inter-city の気構えを耳にしないのであります。この北九州は一つであります。現在のこの変革期に際会しまして、この都市群の明日を建設するための一つの総合地方計画が必要でありましょう。

私は住宅の問題から、都市計画の問題を通りぬけて、地方計画の入り口にまでさ迷ってまいりました。しかしこれらはお互いに無縁ではないのであります。すべての市民の明日の幸福は、生産力の基礎の上にたって、さらに、その明日を建設するために古い勢力と闘う世論の力によって、達せられるでありましょう。

（初出『明日の住宅と都市』彰国社、一九四九年）

地域計画の理論　その一　方法論

I

計画は目的論的図集分析を含むところの構造であるということができる。それはまた目的手段の思考と呼ぶこともできるであろう。その目的の位置に、われわれは人間の福祉をおくものであるが、しかしそれは人間の意識に関するものであり、その意識自体を取り扱うことは計測を必要とする計画の立場からは断念されなければならない。そこには何らかの量としての指標がなければならない。それを人間と人間との基本的な関係を示すところの経済現象のうちに求めようとするものである。とりわけ「生産力」あるいは「国民所得」としてあらわされる貨幣的な表現がわれわれにその手がかりを与えるものとなるのである。

厚生経済的な立場を考慮しつつ

一、国民所得の増大

二、国民所得の均等

三、国民所得の安定

をもって経済的福祉の向上と見ることができる。

これらの目的と、それにいたる手段との因果関連の分析が課題となるのである。

Ⅱ

しかしわれわれの思考の対象は地域的現象に向けられているのである。前項にかかげた思考の方法が地域という対象によく耐えられるためには経済現象が、すぐれて地域的現象であることを要求するものである。

われわれは「地域」を自然的概念としてでなく歴史的概念として考えたい。自然的土地は人間の建設的労働の投下を受けることによって単なる自然の土地ではなく歴史的な土地となるのである。原始的自然は開拓、土地改良等によって農耕地となり、動力網、交通網の整備するに従って農耕地も近代的農耕を可能にするばかりでなく、工業生産の基盤としての自然に生育してゆくのであって、このように歴史的に形づくられた土地は自由な空間でなく歴史的な限定をもつところのものになるのである。そのような歴史的限定をもつところの土地を「地域」と呼びたいと思う。それは、それぞれ独自に内在する構造をもつものである。

このような立場からみれば、例えばウェーバー〔アルフレッド・ウェーバー（一八六八—一九五八）ドイツの経済学者で、工業生産に関連する諸要因を分析したことで知られる〕の工業立地理論に見られる地域の概念は、まだ自然的概念であって歴史的概念ではないように思われる。しかしそれぞれの歴史的地域はそれぞれの生産構造をもっている。生産用役は、その既存の生産構造のなかに編入されさらにその理論は経営経済的な微視的立場に立つ判断であって、国民経済の立場からは直ちに利用することはできないのである。

また開発計画にしても日本の国土を対象とする場合は、ＴＶＡのごとく未開の自然を対象とする場合とは異なるものであって、新しく開発された電力のごときものも、それが生産力として発現するためには既存の生産構造のなかを経なければならないということである。

Ⅲ

この構造分析の方法的基礎は生産過程においては生産関数の地域別測定にあるように思われる。その生産関数が歴史的地域の生産力の構造を表すこととなる。さらに消費の過程においても地域的な構造が存在している。これに対する構造効果であるが、第一には後にふれる限界生産力の理論によって測定が可能となるのであり、第二には計画の具体化のために投下される建設事業が及ぼす雇用効果の測定であるが、これも消費性向の地域的特性と人口移動の距離的制約を考え合わせるとき、地域的な特性として測定されうるであろう。

地域計画は特に第一の生産力の構造効果を極大ならしめるような生産用役の配分の問題であり、新しい開発計画はこのような第一の生産効果を念頭におきつつ、第二の雇用効果の測定も重要な意味をもってくるものなのである。

ここでは特に第一の生産力の構造分析を中軸として行うものである。

Ⅳ　生産関数の測定

ワルラスによって次のような命題がつげられた。

一、自由競争は生産費を極小ならしめる。（均衡状態）

二、均衡状態においては(生産費と価格は等しい)生産用役の価格は生産関数の偏微分または限界生産力に比例する。

三、生産された生産動の総量は過不足なく生産用役に配分される。

この命題やそれを保つための均衡条件等をめぐって多くの議論が行われてきている。

Wicksteed Wicksell Barone, etc

ヒックスはこれを以下の(1)～(5)のように解いている。

$$P = f(x, y, z) \quad (1)$$

$$\pi = xP_x + yP_y + zP_z \quad (2)$$

$$\pi_0 = \frac{1}{P}(xP_x + yP_y + zP_z) \quad (3)$$

P = 生産総量

x, y, z = 生産用役の数量

π = 生産費

P_x, P_y, P_z = 生産用役の単価

π_0 = 生産費単価

均衡において

$$\pi_0 \longrightarrow \min \frac{\partial \pi_0}{\partial x} \cdots \frac{\partial \pi_0}{\partial y} \cdots = 0$$

$$\frac{\partial \pi_0}{\partial x} = \frac{1}{P}\left(P_x - \pi_0 \frac{\partial P}{\partial x}\right)$$

(第 2 命題)

$$\therefore \quad \frac{\frac{\partial P}{\partial x}}{P_x} = \frac{\frac{\partial P}{\partial y}}{P_y} = \frac{\frac{\partial P}{\partial z}}{P_z} = \frac{1}{\pi_0} \quad (4)$$

(第 3 命題)

$$\therefore \quad P = \frac{\partial P}{\partial x}x + \frac{\partial P}{\partial y}y + \frac{\partial P}{\partial z}z \quad (5)$$

ダグラスの関数

$$P = bL^{K}C^{1-K} \quad (6)$$

P：生産量
L：労働量
C：資本量
b, Kは常数

$$P = 1.01L^{0.75}C^{0.25} \quad (7)$$

ここに$\partial P/\partial x$, $\partial P/\partial y$はそれぞれの生産用役の限界生産量であり、それが均衡状態において(4)式よりP_x, P_y, P_zに比例し、また限界生産力$((\partial P/\partial x)\ \pi_0\cdots)$はそれぞれの価格$P_x$, P_y, P_zに等しい。すなわち労働の限界生産力はその賃金に等しくなる。

また(5)より完全分配が証明され、この時、オイラーの定理により一次の同次関数となるから$mP=f(mx, my, mz)$。これは収益不変の状態を示しているのである。

この理論に基づいて生産関数を統計的に測定したものにダグラスの関数(6)がある。これは一次の同次関数であって収益不変の均衡状態を予想している。これを一八九九—一九二二年のアメリカ工業の資料に基づいて(7)の測定に成功したものである。ここから(8)すなわち、労働の限界生産力は労働の平均生産力の〇・七五である。他の条件が同じ場合、このことは新しい一人の労働が加わっ

$$\frac{\partial P}{\partial L} = k\frac{P}{L}, \quad \frac{\partial P}{\partial C} = (1-K)\frac{P}{C} \qquad (8)$$

$$\begin{aligned} C &= \text{const} \quad L \to \infty \quad P \to \infty \\ L &= \text{const} \quad C \to \infty \quad P \to \infty \end{aligned} \qquad (9)$$

た時平均生産量の〇・七五倍の生産力の増加をもたらすことを示している。これがLの賃金である。

また労働の分け前は$(\partial P/\partial L)L = KP$として与えられる。これに対して二つの点から疑問をもちたいと思う。(日本の場合の測定の結果、適合しない地域が多いのであるが)その一は、生産力の理論に対して$P = bL^K C^{1-K}$あるいは$P = bL^\alpha C^\beta$は適合しないということ、すなわち(9)は現実の生産力の常識を容れないのである。

第二には現実は必ずしも均衡状態にはないということであるから、均衡状態を予定した理論式をもって現実を測定することは不可能であるということ、そのために$P = bL^\alpha C^\beta$なる一般式を採用しようと一部では試みてはいるが、これは前項のように生産力の常識とは容れない。

われわれは第一に現実の生産力の現象を容易に説明しうる関数を求めること、第二には均衡状態を予定することなく出発して逆にその測定された関数によって、その地域が均衡状態にあるか否か、均衡点に比していかなる隔差があるか、等を検出することを必要とするのである。

（初出『日本建築学会研究報告』一九五〇年一〇月号）

II 東京改造計画

東京計画—1960
撮影　田澤進
写真提供　新潮社

Mobility と Stability（流動と安定）

私たちの生活とその環境は刻々めまぐるしく変化している。これは現代を特徴づけているモビリティを時間的なサイクルによって、とらえた断面である。しかし、さらによく見ると、そのなかでも、短期のサイクルで変化しているものと、長期のサイクルで変化、発展しているものがあることに気づくだろう。より Mobile〔流動的〕なものと、より Stabile〔安定的〕なものがあるといってもよい。

短いものは、流行のようなものとして、観察されるだろうし、恣意的な運動とも見えるし、自由な個人選択にまかされているもののようにも見えるのである。しかし長いものは時代の骨組、システムを秩序づけてゆくようなものであって、時代を性格づけてゆくものである。そうしてこの秩序をもったサイクルは、自由なサイクルを内に包みながら、運動している。

これを生産とか建設のところでとらえてみると、いわゆる消費財といわれているものと、耐久財といわれているものの違いになる。個人の選択の自由をともなって、めまぐるしく流行してゆく消費財は、その工業生産化をおしすすめている。しかし一方では、資本の蓄積は自然改造とか、ダム、港湾、道路などの、建設をますます巨大化しており、それらは、集団の意志、あるいは公共的な立場で生産され、建設され、時代のシステムを決定し、また反映してゆく。この二つの極のなかで、建築や都市のことを考えてゆくことができるだろう。

個々の建築について考える場合、長いサイクルをもつ素材は、鉄とセメントだといってよいだろう。しかもそれが構造体として建設されるときに、より Stabile なシステムを決定する。その他の商品化された建築材料は、短いサイクルの変動のなかにしか存在しえない。よく建築要素の工場生産化といわれるものは、個人の自由な選択の可能性をより高めるものではあるが、多くは短い寿命しかもたないものが多く、それらは、何年型を規定することはできても、現代性を規定し、また反映することはできない。現代性は、鉄とセメントによる構造体が基本的には、決定している、と私は考えたい。構造は、形と空間を創る基本であると同時に、時代性を本質的に表現する。このことは建築史が示しているとおりである。

たんなる短期の要素から組立てられた建築は、多くの場合、商業主義の支配下に入り、コマーシャリズムの建築となってゆくだろう。それは何年型を表現しうるだけである。

この長期と短期、安定と変化、それはまた秩序と自由でもあるだろうが、その関係づけを与えてゆくことは、建築にとって重要なことである。

変化に耐えるために空間の Flexibility〔柔軟性〕が言われる。しかしこれはある枠内における可能性を言うべきで、この Flexibility が建築や都市構成の原理であることはできない。また成長に耐えるために cluster〔クラスター〕とか group〔グループ〕群という考え方がありうる。これも部分のミクロスコピックな構成の手法ではあっても、全体系を秩序づける方法論を意味することはできない。成長と変化といってもシステムのなかではじめて可能なのであって、成長と変化がそのシステムのなかでは不可能になる時がくるに違いない。その時そのシステムと共に、成長と変化もとまり、死滅する。そうして次の変化と成長が新しいシステムをつくり出す、有機体の生命とはそのようなものである。超時代的な変化と成長などを考えることはできない。問題は何が時代にとって決定的なシステムであり、何がそのシステムを決定しつつあるかを見きわめることが大切なことである。

何が都市のシステムを決定しつつあるかと問うならば、私は、今後の一時期についていえば、高速自動車道路をあげることができる。ミクロに観察すれば、自動車は個人の自由な運動の意志にまかされている。しかし——自由に運動している山襞の雨滴が、大河の流れというシステムを決定するように、あるいは、個々の粒子はブラウン運動をしながら、全体としては拡散という秩序ある運動と観察されるように——一つのシステムを形成する。これが高速自動車道路である。それはまた流動的であるといわれる現代都市のシステムを形成してゆく。そうして巨大化したこのような建設投資は、時代を決定しようとしている。

都市を構成している建築は、一方においてその社会的サイクルを短縮し、工場生産化を次第に強めながら、自由な選択と変化に対応してゆくであろうが、他方では、また投資規模が巨大化しつつある建築は、何らかのシステムの決定を促進しつつある。しかしこれらの巨大規模の道路と建築とのお互いの有機的関連が——機能的にも、また視覚的にもいいうることであるが——失われつつあるということが、現代のもっとも危機的な様相である。このことは中世の都市がもっていた道路と建築との——それなりに正しかった——関連はもはや意味を失い、今は全く別の新しい関連づけをつくり出すべき時期になったことを意味しているのである。

さらにこれらの長期のシステムと、短期の要素とのあいだの、秩序と自由のあいだの、序列のある関連づけが失われつつあるということが、また一つの大きな危機を意味している。

倉敷市のようなスケール・レベルでは、一つの市庁舎の建設ということが、その都市の発展と成長のシステムを決定するほどのウェイトをもっている。同じようなウェイトのある道路の建設と有機的に関連づけることが、重要なことであった。さらにこの建築が決定するであろう都市における直角の軸を、どこに決定すべきかということについても十分な検討が加えられた。

これが私たちの最初の仕事であった。

あとに触れるＭＩＴ〔マサチューセッツ工科大学〕で行われたプロジェクトはこのような問題にたいしての提案をふくんでいる。一時期の都市のシステムを決定するような巨大架構の三角形の断面をもった人工自然の提案である。

Mobility を空間的なひろがりで考えるばあい、スピードとスケールの問題となるだろう。

私はまえまえから、建築の人間的尺度において、個人的なものと、社会的なものが必要であることを考えていた。建築の要素は人間の身体寸法や五感の尺度内——人と語り合い、人と触れあう——で決定されることは当然である。

しかし人が群集・マスとして行動する空間にたいしては、個人的なスケールでは対応できない。人通りの多い街路に面した一階の階高は、六尺の内法では不十分なのである。日本の家並にはそのことにたいする考慮が足らなすぎたということも、時々指摘していた通りである。すぐれた都市の広場などを見ると、マスとしてのヒューマン・スケールに対応したものが多い。一〇〇メートルに二〇〇メートル程度の広場では、私たちは、向かい側にいる人たちのマスとしての行動を観察することができる。犬をつれている美しそうな婦人だということもわかる。さらにそれが自分の恋人であるならば、おそらくその見わけがつくだろう。そうしてもし必要があれば歩行で安易に達しうる距離である。そのような空間の拡がりを私たちはやはり、ヒューマン・スケールをもった広場とよんでいる。それを取り囲む建築や、その正面に立つ市庁舎や教会のスケールも、決して身体的なヒューマン・スケールではできていない。多くの現代建築家はそのスケールを、モニュメンタルな非人間的なものと否定的に考えていた。しかし私は、それを肯定的にマス・ヒューマン・スケールとして考えたい。社会的・人間尺度と呼んだものである。市民社会の形成されていた中世後期の都市にはこのような民主的な広場が多く残っている。日本は残念ながらこの民主的広場の伝統もなかったし、人を集団として考えるようなスケールも持ちあわせていなかった。

これらの中世都市で、マス・ヒューマン・スケールとインディヴィジュアル・ヒューマン・スケールとが、序列をもって、空間を秩序づけていたということが、さらに重要なことである。hierarchy〔ヒエラルヒー〕とよんでもよい空間秩序である。——これはピラミッド型の専制的な体系を意味しているものではない。——

倉敷の市庁舎では、このスケールの関係を考慮している。市庁舎—広場—公会堂にたいして、さらに市街地の家並の拡がりとの関係において、このことを考えたかった。また市庁舎建築では、その基本的構造体をマス・スケールをもったメイジャー・ストラクチュアで考え、部分を構成するプレキャストをヒューマン・スケールのマイナー・ストラクチュアとして考え、その間の序列を考えることが私たちの一つのテーマであった。

しかし、現代の技術がもたらしたスピードは、このスケールの関係を攪乱しつつあるといってよい。一メートルたらずの歩幅でしか歩けない人間が時速一〇〇キロという自動車のスピードを日常の体験とするようになった。さらに超音波のスピードは、空間を征服しつつある。新しいスペース時代がはじまっている。六帖の室で話し合う人間が、マイクを通じて、数万人の人に語りかけ、そうして今、宇宙からの発信をこの耳で聞きうるようになったのである。この経験は、私たちの空間概念を根底的に変革しないではやまないだろう。

しかし私たちの生活環境のなかで最も重要な意味をもっているのは自動車がもたらしたスピードとスケールの問題であろう。軌道が都市に敷かれたときに比べて、高速自動車道路が都市に入りこんできたときに、それを建築との関連でより強く考えさせられるのは、自動車が個人の自由な運動にまかされているものだからである。空間的にいえば、それは末端においては、つねに個々の建築と結びついているからである。それは高速から緩速へ、さらに人間の歩行へという時間的序列をもって、個々の人間的尺度に結びついているからである。

セント・ルイスのワシントン大学とアラバマ大学の五年の学生に一〇日間ばかりの短期設計の課題を出した。

再開発地区の一画に音楽堂をふくんだ広場の設計をするということであった。そこで私は次のようなことを要求した。

一、現代の広場は、サンマルコの広場が自動車から隔絶されているように、現代のダイナミックな感覚から隔絶されたものであってはならない。自動車で到達できること、自動車から広場のアクティヴィティが見られること、広場から車のダイナミズムが感じられること。

二、そこに達するにあたって高速から歩行にいたる時間的・空間的序列を解決すること、その過程で、音楽堂に向かうという目的意識と感情が中断されないこと、たとえば、遠く隔絶された地下ガレージの奥ふかくに車をパークさせ、そこから脱出して、改めて方向を定めて音楽堂に向かうといった断絶のないこと。

三、広場はあくまで人間の集団の雰囲気をもっていなければならない。ショッピング・センターや野球場の周囲によくみられるように何千何万の自動車の砂漠であってはならない。これほど、非人間的な風景はない。

ダイナミックに大きくうねっている都市高速自動車道路、それは技術的なスケール、あるいはスーパー・ヒューマン・スケールをもっている。——ここでヒューマンというのは、これもやはり人間の希望につながっているからである。——それと、一九世紀的あるいは二〇世紀前半の発想をもった建築の形態とのあいだには、今のところ何の機械的な、また視覚的な関連の秩序も、もってはいない。世界の都市の再開発地区に新たに建設されつつある建築ですら、この問題を解決しているものはない。しかし現代都市、二〇世紀後半の都市像は、これらのスーパー・ヒューマン・スケールからマス・ヒューマン・スケールへ、そうしてヒューマン・スケールまでいたるスケールの序列の秩序なしには考えられないであろう。これは、視覚的に都市の hierarchy を考えるということだけではない。社会的に、個から全体に至るオーガニゼイションを考えることでもある。それはまたコミュニティを構成してゆく時の人間的な関係づけのことも含んでいる。このような問題に対してこのスケールの問題は重要である。要するに、生活環境を秩序づける一つの重要なよりどころになるものである。

ここに示す二万五〇〇〇人のためのコミュニティ計画は、昨年〔一九五九年〕秋ＭＩＴを訪ねて、そこの五年の学生たちを指導して、考えたもののうちの一つの提案である。

二万五〇〇〇人のコミュニティを支えているこの二つの構造体は、三角形の断面をもっている。この中に、ハイウェイから分岐した車が直接入ってゆき、中央レベルから下の各住戸には、その玄関先まで達する。そのレベルから上部の住戸のためには、公共パーキング・スペースがとられている。また垂直交通のリフトや、水平の相互連絡のためのモノレールがその構造にとりつけられている。その他の設備の動脈も備わっている。

さらにこの三角形の空間には、大・小の建築的広場がつくられており、そこには太陽が射しこんでくるように大きな開口部がある。そうしてそれぞれの広場には、小学校や教会やその他のコミュニティ施設が建てられて、それらがコミュニティのコアーになる。

この三角形の大架構を私たちはメジャー・ストラクチャーとよんでいる。その表面に数層の人工地盤があって、そこには歩行者のための道があり、それにそって各住戸が建てられる。これは工場生産化された、あるいは工業生産化された要素で組立てうる住戸であって、その選択と取換えは個人の自由にまかせる。これはマイナー・ストラクチャーとよんでもよかろう。

この構造——メジャーからマイナーに至る——またその空間のオーガニゼイション、さらにコミュニティ構成の序列と秩序は、自然そのもののスケールから、技術の発展がもたらしたスーパー・ヒューマン・スケール、さらに群としての人間がかもし出すマス・ヒューマン・スケール、そうして最後に、個々の身体的ヒューマン・スケールにいたる序列をもっている。それはまた時間的にいっても、長期のサイクルをもつシステム——一時期の都市を決定づけるような——をもっているものと、短期のサイクルで個人の自由にまかされて変化してゆくものとの時間的な序列にも対応している。

これは流動という現代的な性格をあしがかりとして都市に接近していったことからでてくる一つの提案である。しかし都市は流動する現象面だけを把えているだけでは、理解されない。それはつねに安定という対極的なものを内にふくんでいるのである。その両極のあいだに秩序ある関係づけを求めることが重要なことなのではないだろうか。

（初出『建築文化』一九六〇年九月号）

技術と人間

二〇世紀の前半から後半に大きく移り変わろうとしております現在、私たちは文明の形態、社会の構造さらに人間の環境というものが、何か重要な変化を遂げつつあるというふうに感じています。もちろん私たちは、将来がどういうふうになるかということについて予想をたてるわけにはいきませんが、これだけのことは言えるのではないかと思っています。それは、この大きな変化は、原子力、あるいは電子の操作というふうなものの発展によって起こっているわけでありますが、その最も重要な性格として、私は無制約なエネルギーの拡張でなくて、それをコントロールし、それをプランしていく、要するにそういうものの生産と配分をうまくコントロールしていくような形をとるのじゃないかと思います。それは人間が技術に対してふたたび優位を獲得しようとする運動と考えてもいいと思います。

要するに、原子エネルギーの解放は、それによりまして人間がこういうふうなとてつもなく大きなエネルギーをコントロールしていくための、人工頭脳というふうなものを考え出したわけでありますが、究極的には原子力の解放は、新しい人間性の意識の解放をうながしたと考えられます。それは、原子力を現にいまもっている国においてばかりでなくて、原子力をもっていない後進国のあいだでも、もっと強くあらわれてきている現象であります。

もちろん、この人間性に対する自覚は、原子爆弾とか、そういうものに対する恐怖からあらわれてきたと言えるかもしれませんが、しかし、もっと一般的に申しまして、人間現存の意識が、原子力の解放を通じて解放されたと考えていいのではないかと考えております。その関係は、技術的エネルギーが強くなればなるほど、生の人間としての自覚はますます強くなっていくだろうということです。

技術の進歩が、われわれの将来を決定する重要な要素であるということは認めなければいけないわけでありますし、またある程度、人間の欲望や人間の意志とは関係なしに、技術自身が将来を決定していくということもあり得るとは思いますが、しかし、やはり人間の自覚というものは、その技術が社会的に実現していくにあたって、それがはたして人間に有用であるか有害であるかということを判断し、それを受け入れ促進し、あるいはそれに抵抗していく、つまり技術の実現化ということは人間がそれを決定していくものであろうと思います。

そういうふうに考えますと、われわれの現実の奥底には、技術の体系と人間の現存との間には、ダイナミックなバランスがあり得るというふうに考えたいと思います。またこの関係が現代の、社会構造、あるいは文明の形態を具体的に決定しつつあるわけです。しかし私がこう申し上げたからといって、それはテクノロジー、技術というものが人間のためのサーバントであるとか、あるいは人間の手の延長であるとかいったような、楽観的な立場を意味しているものではありません。むしろ逆に、技術の発展がもたらした社会的ないろいろな現象のなかには、進歩しつつある技術と、さらに人間の生存とのあいだに、大きな溝がますます深まりつつあるように思います。

かといって人間を歴史的存在として固定して考え、技術や文明の進歩が、ますます人間と技術との間の溝を深くするのだというような宿命論的立場を支持するわけにもまいりません。私たちは現実の奥底からこの矛盾を見出して、それを克服し、またそこからわれわれが解決しなければならない問題を探し出し、そうして、それに対して挑戦していかなければいけないと思います。

そういうふうな挑戦なしに創造的な力というものは、けっして出てこないのであります。もう一度申しますと、創造だけがこの深い溝を橋渡しすることができると考えております。むしろ創造とは、断絶に橋渡しすることだといってよいと思います。

建築家、あるいはデザイナーという人たちは、テクノロジーとヒューマニティのあいだに存在している唯一の人間であります。そうして物質と人間との間のギャップを埋めていくことのできる唯一の人間であります。そうして私は、このテクノロジーの発揮する力が強くなればなるほど、人間の現存への自覚は、ますます強まっていくというふうなことをお話しいたしましたけれども、この関係のなかで考えますと、建築家、あるいはデザイナーはますますクリエーティブになっていかなければならないということであります。

こういうふうに技術が急速に進歩して、文明形態を大きく変貌させつつある現在、われわれが二〇世紀の前半に考えましたデザインのいろいろな考え方や建築のイメージが、現在ますます大きくなりつつある矛盾を解決するにあたりまして、不十分であり、役にたたなくなってきておりますし、また不適当になってきております。そうして、私は現在こそ建築、あるいはデザインがその内部から変革していかなければならない時期にきておるというふうに考えております。

人間生活の環境に問題をしぼってみることにいたします。そこでどういう問題が起きているかということをまず考えてみたいと思います。私は最初にモビリティ、いわゆる現代の社会生活における動き、激しい動きがますます大きくなりつつあるという問題をつかまえてみたいと思います。

このモビリティを空間の立場で考えて見ますと、距離の征服でありますが、それはスピードとかスケールとか、そういうふうな問題であるわけです。人間は元来一メートル足らずの歩幅で一歩一歩歩いているわけであります。しかし同時に一時間一〇〇キロというふうなスピードがわれわれの日常の経験になってきております。このスケールとスピードの複合体として考えられます。モビリティの問題は、やはり、この問題も生の裸の人間とますます発展しつつある技術がもたらしているものとのあいだの問題として出て来ております。

たとえば、東京でみなさんがご覧になったと思いますが、一つの道の上を歩行者も自転車も自動車もトラックも電車もいっしょになってごったがえして走っております。そうして歩行者と車とはまるでお互いに敵同士のような格好でいがみあいながら混乱しております。また世界の一般的な問題としてかんがえてみるばあい、本来人間的な尺度で作られておりました建物の多くは、現在の都市では、一九世紀から二〇世紀前半にかけて建てられてきた建物でございます。そういう人間的な尺度によって作られた建築が都市をうめつくしている。また一方では自動車の急速な動きを可能にするためのハイウェイのような、非常に大きなストラクチャーが、ダイナミックな形で都市のなかにはいりこんできております。ヒューマン・スケールと技術がもたらしたスーパー・ヒューマン・スケールとでも申したいような大きなスケールのストラクチャーが共存しておりますが、そのあいだにはなんの調和もなんの統一もございません。それは機能的な意味におきましても、あるいは視覚的な意味におきましてもいえることであります。スケールの問題にかんして、私はまえまえから、マス・ヒューマン・スケールというものを考えておりました。これは個人のスケールとはちがって、人間がマスとして行動するときに必要なスケールであります。中世都市において、広場やそれに面して立っている市庁舎や教会の建築がもっているスケールがそのすぐれた例だと思います。そこではヒューマン・スケールとマス・ヒューマン・スケールとの間に調和のある序列がつくられておりました。私は現代の都市を考えてゆく場合、ヒューマン・スケールからマス・ヒューマン・スケールさらにここでふれたスーパー・ヒューマン・スケールといった序列の秩序づけを考える必要があると考えております。

またこのモビリティ、動きの問題を時間という軸のなかで考えてみますと、変化とか、成長ということになるわけです。現在の急速に発展しつつある技術は、またわれわれの社会生活の成長と変化とのスピードをますます急速にしております。商業主義の影響のもとに、われわれの日常生活の生活用品、さらに自動車のスタイルというふうなものは、毎年毎年変わっております。一年の寿命しかもっておりません。われわれの日常生活そのもの、あるいはそれを入れるための住い、住居というものを考えてみましても、一〇年とか、あるいは五年とか、その間しかほんとうの役にはたちません。そういうふうに、非常に生命の短いものが、ますますその生命を短くしております。この変化のサイクルはますます短期なものになりつつあります。

しかし、一方では資本の蓄積によりまして、非常に大きなオペレーション・スケールで、非常に大きな構造体を作るというふうなことが出てきております。自然改造とか、ダムとか、港湾とか、いまここで問題になっているハイウェイとか、このような構造は長期のサイクルに耐え、時代のシステムを決定しつつあります。

この二つの傾向は、ともに現代のわれわれの社会生活にとって必要なものであります し、人間にとって必要なものであります。ちょうど生命、あるいは有機体が変わってい くものと、変わらないものによって構成されているように、あるいは細胞が常に新陳代 謝しながら、その全体は一つの安定した形をもっているように、われわれの都市につい て考えてみましても、流行現象のように変わっていく要素と、時代を性格づけるような 変わらない要素との矛盾の統一というふうなことについて、私たちは考慮していかなけ ればならない時代になってきたと思っております。それらが現代社会生活におけるモビ リティの問題として出てきているわけであります。

第二番目の問題として、次のような点を考慮してみたいと思っております。われわれ の時代のマス・コミュニケイションやマス・プロダクションがわれわれの生活にもたら してきている影響でありまして、われわれ現代の人間は物質と共にユニバーサルなもの にますますなりつつあります。また匿名的なアノニマスなものになりつつあります。た とえば一九五〇年の電気掃除機と一九六〇年の電気掃除機は、非常にちがっております けれども、一九六〇年の電気掃除機と同じ年のタイプライターは非常に似ております。

またこれが病院であるのか工場であるのか、あるいは教会であるのかわからないような建築が非常にたくさん出てまいりました。物質ばかりでなく人間もますますユニバーサルなものに、そうして群衆としてアノニマスになりつつあります。

しかし、自分自身の固有性を示そうとする欲求は、人間にとって本質的なものでありますそこで現在人々は、自分自身をアイデンティファイするために、馬鹿げた気狂いじみた広告に頼っております。とにかく、人間にしろ物質にしろ、この普遍性ということと、自己の固有性を示すという本来の欲求、あるいは匿名的であるということと、それが何であるかということが理解しやすいということと、そういう二つの両極のものが共存しております。それもやはり現代の文明社会のジレンマの一つの特徴だろうと思います。

たとえば東京に例をとってみますと、あらゆる地域が同じような人口密度をもって、同じような高さの建物で、また同じような性格や機能をもってだらだらと伸びておりますここには地域、地域をアイデンティファイする要素がほとんどありません。家についても同じことが言えるわけであります。地域について言えることは、同時に家についても言えるわけであります。それをアイデンティファイしようとする努力は、やはり広告という形であらわれてきております。しかし現在それらの広告は、むやみやたらとたくさんの無秩序な広告のうずのなかで、広告自身が自分をアイデンティファイできないような状態になってきております。広告そのものがアノニマスに、広告そのものが匿名的になってきております。

こういうふうに見てまいりますと、先ほどから話に出ましたヒューマン・スケールと、スーパー・ヒューマン・スケール、あるいはスタビリティとモビリティ、あるいはエタニティとチェンジビリティ、また、アイデンティティとアノニミティ、さらに、コンプリヘンシビリティとユニバーサリティ、など二つの極が、現代社会の矛盾として、混乱したかたちで共存しております。それらは、時代の進歩しつつある技術文明と、歴史的な存在としての人間生存とのあいだに起こっている矛盾の反映として出てきております。これにどうして橋をかけてゆくか。この混乱にどのような秩序を与えるか、それには人間の創造力が唯一の答えであるというお話をいたしましたが、しかし、創造はなんらかの方法なしに可能であるとは思えないわけであります。

方法に関しまして、私は現代の科学における知識から暗示を得られるのではないかと考えております。その一つは生命を扱う科学であります。もう一つは純粋な物理学、あるいは数学であります。現在のところ生命の原理というものは、まだ見付かってはおりませんが、有機体はマクロに観察される場合細胞を秩序づけていくことによって、構成されている一つの安定したものと見られるわけです。そうして個々の細胞が、常に新陳代謝をしながら、自分の生命を持続させているということでありますが、それを見ようとすればさらに細胞そのもののなかをミクロに観察しなければならないでしょう。原子とか、電子とか、そういうスケール・レベルで観察しなければなりません。そこには非常に自由なあるいは場合によっては恣意的といってもいいような電子、原子の運動が見られます。それにたいして数学者、あるいは物理学者はグループセオリイとか、あるいはプロバビリティの概念で接近しております。

現在の科学は生命の本質に、一方は、マクロスコピックな理解によりまして一つの秩序ある組織と観察しています。しかしまた一方では、ミクロスコピックな観察によりまして接近しております。そこでは生命の運動は自由な秩序をもたないものとして見られます。肉迫するというところまでいってはいないわけでありますが、私はこの二つの理解の仕方は、われわれの現代の芸術にもあらわれてきているように思います。システムと序列をもった結合の仕方すなわち秩序を表現している芸術、他方、自由なアクシデンタルな形で、しかもそれが自由に集められたグルーピングの表現をもっているアンフォルメルな芸術であります。

この現代の科学と芸術がもっている二つの接近の仕方、二つの追求の仕方というのは、当然デザインにもなんらかの形で反映されてくると私は考えたいと思います。それは秩序と自由という根本的な問題をも含んでおります。しかし大事なことは、この両極からの接近が相補うことによって、はじめて全体像に達しうるのでありまして、一方からでは、それを見きわめることができないということであります。矛盾と見えることのなかに秩序を創造してゆくことであります。

私は、こういうふうなことをまえまえから考えておりました。昨年〔一九五九年〕私はアメリカのＭＩＴにまいりまして、そこで学生の人たちと四か月間一つの問題の解決にあたってきたわけであります。その例をここでごらんに入れたいと思います。ここにございます模型は、非常に小さくて理解されにくいかもしれませんが、これは二万五〇〇〇人の人たちが住めるための住居環境を一つの例にとりまして、いま私が提起してまいりましたような問題に対して、一つの解決を出してみようというプロジェクトであります。これはたまたまボストンの海の上に計画されたものでありますが、その位置がそれほど深い意味をもっているわけではありません。もっと一般的な問題を含んでおります。これは二〇〇〇分の一の模型でございますので画面の端から端までがほぼ二キロくらいだと考えていただきます。

ここで先ほどのスケールの問題にはいりますが、現代の大都市には私たちがいままで経験したことのないような大きさをもった、ハイウェイのようなストラクチャーが現われてきております。これが既存のヒューマン・スケールでできている市街地にどんどん入りこんできているわけであります。

このスーパー・ヒューマン・スケールをヒューマン・スケールのレベルにまで導いていくために、いくつかの序列を考えたいと思っております。それは自然そのもののもつスケールから新しい技術がますます拡大しつつあるスーパー・ヒューマン・スケール、そこからさらに、私の言葉で申しますと、マス・ヒューマン・スケールとでもいっていいようなもの、最後にそれを個々の日常の生活に出てまいりますようなインディビジュアルなヒューマン・スケールのレベルまで、順序よい空間の秩序を与えるようなスペース・オーガニゼイションが必要ではないか、という考え方をしたわけであります。先ほど申しましたマス・ヒューマン・スケールとよびましたのは、歴史的にも都市のなかの広場とかそういうなかにあらわれてきているスケールであります。

このプロジェクトでは二つの建物にわかれておりますが、この建物のなかに二万五〇〇〇人が住む、この建物の表面に二万五〇〇〇人の人が住んでいるわけであります。この建物は基本的には三角形の断面をしたメージャー・ストラクチャーで構成されておりまして、なかには非常に大きな空間があると考えていただきます。そのなかをハイウェイから分岐してきた自動車が走ります。そうしてパーキングの空間も用意されています。さらにこの建物の内部相互の連絡をするために、モノレールとか、そういったようなマス・トランスポーテイションを支えている、動いている道がございます。歩行者専用の道もあります。これを構成しているこの基本的な三角形の構造のなかには、垂直に交通を可能にするようなリフトやまた設備の動脈を備えております。

さらに、外からの採光がとれるように、大きな開口部をもった大小の空間がございます。その空間はインテリア・エキステリア・スペースといってもいいような空間でございますが、この構造のなかにちょうど今までの都市が平面的な道路と広場をもっているように、立体化されたいくつかの広場があると考えていただきます。それは、いくつかの大きな広場から、小さな広場という段階をもって構成されておりますが、この広場のスケールを、私はマス・ヒューマン・スケールと呼びたかったのであります。ここで、広場とよぶ建築内部の大きな空間のなかにはチャペルもありますし、あるいは小学校も建っております。

このように都市的なスケールをもち長期のサイクルに耐える骨組のシステム空間のオーガニゼイションを決定しているものをメージャー・ストラクチャーとよんでおります。この意味は、大きな構造という意味であります。これは時速一〇〇キロでわがもの顔に都市の内部を驀走しているハイウェイのダイナミックなストラクチャーにたいして、なんのヒケメも感じません。むしろそのような技術的手段にたいして優位にたつ人間環境の基本形をかたちづくっているものなのです。これを人工の自然、あるいは開発された自然と呼んでもよいかと思います。

このメージャー・ストラクチャーの基本的な三角形の表面に個々の住居がついております。また人間の歩くための道がついております。その住居について考える場合、これを私たちはマイナー・ストラクチャーとよびたいと思いますが、それは有機体で申しますと、一つの細胞と考えていただきたいと思います。これからの都市のあり方として、長期のサイクルをもち、ある一時代を一つの安定した形で表現しうるようなメージャー・ストラクチャーと、短いサイクルで物質代謝してゆく細胞、つまりマイナー・ストラクチャーとの秩序ある組み合わせを考えうるのではないかと思っています。私たちの家庭生活、日常生活は五年とか一〇年のあいだに、どんどんその形態をかえつつあります。

このメージャー・ストラクチャーの表面につきます住居単位は、自由にとりかえ得るようなマイナー・ストラクチャーとして考えたわけであります。表面につく住居ユニットは工業生産化されたエレメントによって簡単に構成されるようなものでありたいし、またそこに住む人たちによって自由に選択され、変更され得る、あるいはある程度の拡張もされ得るようなものでありたい、そういうふうに考えております。

まえに申しましたように、このメージャー・ストラクチャーは、コミュニティのハイラルキイを構成するために、大から小に至る広場――日光のはいってくる建築内部の空間でありますが――が序列、つまりシークエンスをもって配置されております。そういう空間のオーガニゼイションがすでにつくられているわけでありますから、そこに取りつく住居単位はおのずとコミュニティのハイラルキイをもったシステムをつくり出すようになっています。この全体のシステムのなかで、各住居は自分の場所と位置を理解しやすい、コンプリヘンシブルなものにしますし、また、自分の生活の変化に対応して、それにかなった独自の住居をつくることによって自分自身をアイデンティファイすることができる、そういう自由をもっているわけであります。

これは、さきに指摘したように、現代の問題、技術と人間のあいだの矛盾として指摘したような問題にたいして挑戦をこころみた一つのプロジェクトであります。ここではたとえばスケールの問題に対しまして、スーパー・ヒューマン・スケール、マス・スケール、さらにインディビジュアル・ヒューマン・スケールというシークエンスを考えております。また社会の変動に対しましては、かなり長いサイクルにわたって耐えうるシステムとして、メージャー・ストラクチャーのようなものを考えております。それにたいしましてマイナー・ストラクチャーは五年とか一〇年というオーダーのサイクルでチェンジブルなものでありまして、この二つの組み合わせとして、都市の骨組、都市の構造を考えたらどうかと提案したわけであります。

この安定したシステムのなかで、おのおの細胞である住居単位は自分自身をアイデンティファイする自由を、十分に与えられておりますし、またその位置と意味もコンプリヘンシブルであります。もちろんこれは一つの提案でありまして、このような形が、このまま実現するとは考えておりませんが、ここで私たちが考えた問題点は、いちおう検討される値打ちのある問題ではないかと思ってみなさんに提示したわけであります。ご批判をいただければ幸いです。

（初出『世界デザイン会議議事録』美術出版社、一九六一年）

東京計画—1960

序

私たちの研究室は一九六〇年の時点にたって、東京計画—1960—その構造改革—を提案する。

二〇世紀の文明の進歩と経済の成長は、全世界にわたって、大中枢地区、一千万都市をつくりだした。まず、私たちはその発展の必然性と、その存在の重要性を認識したいと思う。そうして、この新しく生まれてきた一千万都市の本質的な機能はなんであるかを考えるべきであると思う。それは、すでに、一〇万都市、一〇〇万都市とは質的に異なったものである。既成の都市概念をもってしては、それを理解することはできない。

私たちは、一〇万都市、一〇〇万都市が、それぞれ、その存在の意義をもっていることを否定しているのではない。

ここでは、問題を一千万都市、とくに東京にしぼっている。それは、一〇万都市、一〇〇万都市とは、そのあるべき本質と形態とを異にしているからにほかならない。それらを同一の立場と方法によって考察してゆくことができないからである。現在、世界の一千万都市、そして東京も、混乱と麻痺を経験している。その矛盾の根元は、ますます発展しようとするこの生命と、老化した都市の物的構造とのあいだにある。一千万都市の本質を貫徹するために、ますます活発になってゆく流動的活動にたいして、この硬化した都市のシステムが耐えられなくなったことにある。

二〇世紀後半から二一世紀に向かう文明社会の発展は、一千万都市が現在直面しているあらゆる障害をのりこえ、矛盾を克服し、その本質をしだいに顕わにしてゆくであろう。この歴史の要請、そして人間の要望、これにこたえうる新しい都市システムを創造してゆくことは、われわれの責任である、と私たちは考える。

私たちは、古い東京のシステムをそのままにして、新しく生まれつつある生命活動に、なんとか辻褄をあわせることによっては、この矛盾は克服しえないと考えている。かといって、この古い東京から逃避して、湾上に海上都市の建設をいっているのでもない。

私たちは古い東京の都市構造を、新しい生命活動を可能にするシステムに変革していくことを提案する。東京の再開発と湾上への開発が、相互に促進しあうような、新しいシステムを提案しようとしているのである。

Ⅰ　一千万都市・東京の本質
――その存在の重要性・その発展の必然性

東京、ニューヨーク、ロンドン、パリー、そしてモスクワ、これらの人口集団はすでに一千万をこえ、あるいはそれに迫りつつ間断ない発展をつづけている。ひとはそれを過大都市とよぶ。しかし過大という前に、その発展の必然性、その存在の重要性、そしてその果たすべき機能の本質を、正しく見なければならない。

二〇世紀、とくにその後半の技術革新は、経済構造、社会体制、そうして生活環境を革命的に変貌させせつつある。原子エネルギーを含む巨大なエネルギー、電子操作による自動制禦、そうした技術体系は、まず産業構造の高度化、組織化を急速に促している。それは経済循環における生産過程そのものよりも、それ以前と以後の領域、流通過程の重要性をますますたかめている。資本主義社会における景気変動を制禦し、経済を間断ない成長に導くためには、この流通過程の計画化、組織化が、ますます要求されてくる。政治と経済との結びつきは、こうして資本主義社会においても必須なものとなりつつあるが、社会主義社会においては、またこれ以上の密度をもって結び合っている。

またいかなる産業計画も、技術の研究と開発とは無関係ではありえないし、また需要にたいする計画的予測なしには不可能である。消費革命とよばれる需要促進はこの経済流通における不可避の過程である。需要促進のマス・コミュニケーションなしに、マスプロダクションはありえない。そうしてこの過程は、国民の生活形態とその意識をも支配しはじめる。政治、行政、金融、生産・消費管理、技術開発、コミュニケーション、これらはすべて相互に緊密に結びあうことによって、一国の経済の流通過程を形成している。これを担当する人口——それを生産的第三次産業人口とよぶことができるだろう——は第二の産業革命の過程のなかで、ますます大量に創りだされつつある。この人口の第三次化とその生産性と所得の上昇こそ、経済成長の指標といいうるであろう。

世界の一千万都市に集結しつつある機能、そうして人口はこの生産的第三次諸機能の中枢に属する人口である。いわゆるオーガニゼイション・マンである。これらの高い消費需要にこたえて、いわゆる消費的第三次機能、販売、サービスなどが集結してくることは、当然の帰結である。また大都市のこれらの資本供給と消費需要を求めて、原材料を輸入にまつ日本では、大都市周辺の臨海地に工場が集結してくる。しかし、それが一千万都市形成の原動力となるものではない。二〇世紀の一千万都市形成の原動力は、あくまで生産的第三次機能である。

ここでオーガニゼイションというのは、一つの企業などを意味しているのではない。これは固定したものでも、閉ざされたものでもない。この組織は、技術革新がもたらしつつあるコミュニケーションの、目に見えないネットワークによって結ばれている組織である。いつなん時でも、いかなる組み合わせの機能と機能、人と機能、人と人とをも、即時に組織しうる可能性をもった、開かれた組織である。その組織によって個々の機能は、一千万都市の総合機能を営むのである。

あらゆる階層で、あらゆる領域で、組織――会議といってもよい――が結節し、分解してゆく。多くの浪費をへながらも、この組織活動がすべてを決定し、知恵を創造し、価値を生産し、それを世界につないでいる。一千万都市・東京は日本の中枢的諸機能の組織であり、それは日本の運命を支配するほどの重要性をもっている。そうして世界の状勢が、この組織に刻々敏感に反映されてゆく。

ひとは、オーガニゼイション・マンは孤独であると訴える。しかしこのネットワークから見放されるとき、さらに孤独である。人々はそれに結びつこうとして結集する。電話、ラジオ、テレビ、さらに携帯電話、テレビ電話などの間接的コミュニケーションの手段も、直接的接触の要求と必要性をますます誘発するだけである。人々はメッセージを運搬し、機能相互を連絡しようと、流動する。この流動こそ、この組織を組織たらしめている紐帯である。一千万都市はこの流動的人口集団である。

しかし、一千万都市・東京の本質は、たんに機能と人口がそこに集中しているところにあるのではない。これらの機能中枢が相互にコミュニケイトし、総合機能を創造しうる可能性をもった一つの開かれた組織である、という点にある。この開かれた組織に有機的生命を与えるものは、機能中枢相互をコミュニケイトする一千万人口の流動である。

II　一千万都市・東京の地域構造
――求心型・放射状構造の矛盾と限界

一千万都市・東京のオーガニゼイションを有機的生命たらしめているものの本質は、コミュニケーションである。

一千万都市は、このコミュニケーション・ネットワークによって結ばれている一つの開いた組織である。

これらのコミュニケーションの技術的手段が豊富になればなるほど、人は本質的に、そうして本能的に、直接的コミュニケーションの欲求をより強く誘発される。この直接的コミュニケーションの手段として、交通は一千万都市の機能活動の基本的な物的基礎である。

東京に集結した諸機能は、より緊密な相互のコミュニケーションを求めて、求心的に集約化される。都心はこうして形成され、巨大化してゆく。これらの機能の働きをする人々はより安価な土地を求めて郊外へと放射状に拡散してゆく。この求心型・放射状の都市パターンは、中世以来ひきついできた形態であり、放任された都市発展の自然な形態である。

そうして都心の巨大化にしたがって通勤の大量化、郊外の拡散とともにその遠隔化が進行している。通勤の殺人的混雑はこうして生まれてゆく。これらのモビリティは定期的にくりかえされるものであって、定常流とよばれる。これらは主として大量輸送機関にたよっていて、国電(旧国鉄)のうけもつ比重が圧倒的に大きい。それから数段低い比率で、私鉄と地下鉄が分担している。

しかし、社会組織の高度化、機能の分化と比例して、諸機能相互を結び、人と人とを結ぶ自由な自発性にもとづく動きが、ますます激しくなってゆく。これを流動流とよぶことができるだろうが、この流動流こそ、開かれた組織を一つの有機的生命たらしめる紐帯である。そうして、またレジャー・タイムの増大は、ますますこの流動流を活発にしてゆくであろう。この流動流にたいして、自動車のうけもつ比重は大きい。そうして自動車の普及は経済の成長を加速度的に反映して伸びてゆくであろう。

この自動車は、とくに都心内部——それよりは数段低い比重ではあるが、都心と副都心、副都心相互——の流動流をうけもっている。もちろん東京での自動車の普及は、世界的水準からみれば一桁低い。しかしその普及によって自動車による通勤の定常流もより多く発生してゆくだろう。

あらゆる機能中枢の集結した都心では、この流動流のはげしさは、ますます加速度的に高まってゆく。都心における自動車交通の麻痺状態は、このはげしさを物語っている。しかしこの激しさこそ必然であり、また必要なのである。

一千万都市、この開かれた組織が本質的に必要としているモビリティ、それなくしては生命を維持することができないモビリティ、これこそ重要なことである。この激しさが混乱と矛盾を出現させたのではない。この激しいモビリティに耐えない都市の構造――求心型放射状の交通パターンとそれにそって建ち並ぶ建築形態――の欠陥が、この矛盾の根元をなしているのである。

求心型・放射状の交通システムは、一千万都市が必要としている流動に耐えることができなくなった。それは一〇万都市、せいぜい一〇〇万都市のシステムでありえても、一千万都市の交通システムとしては限界に達したのである。しかも、この流動的活動は日に日にその激しさを加えてゆくであろう。この要請に応える新しい交通のシステムを建設してゆくことこそ、緊急事である。

また自動車交通は、道路と建築との関連を一変させた。これにたいして、現在、都市・交通・建築を有機的に統一するシステムが、必要になっているのである。

さらに、これらの流動性がもつスピードとスケールは都市の空間秩序を破壊しつつある。これにたいして、現在、新しい空間秩序の回復が要請されているのである。

Ⅲ　東京計画―１９６０
――その構造改革の提案

東京は、日本の経済の成長を集中的に反映して、ますます急速度に発展、膨張をつづけている。そうして、その流動的活動は、日に日にそのはげしさを加えつつある。この発展のエネルギーは巨大である。

しかし、この発展のエネルギーは、かえって東京の矛盾をあばき出し、都市機能の混乱と麻痺をますますはげしくさせている。

ひとは、この発展こそ、東京を混乱におとしいれた矛盾の根元であると考える。そうして、その発展を抑制することによって、事態が好転すると考える。しかし、この発展を抑制することはできない。この歴史の必然性を逆転させることはできない。

かといって、私たちは工場の全国的再配置、衛星都市の建設、また政治・文教などの機能疎開について、反対しているのではない。それは、それとしての意義をもっている。しかし、それは分散する側の問題である。

残された東京そのものは、依然として混乱と矛盾にあえがねばならない、ということを、ここで問題としてゆかねばならない。残された東京はかりに工場が分散されても、衛星都市が建設されても、政治と文教が疎開していったとしても、依然として発展をつづける必然性をもっているのである。

東京そのものに目を向けない限り、東京は救われない。私たちは、東京から目をそらしているような逃避的立場を支持することはできない。

この成長があまりに早すぎたのだ、とひとはいう。しかし、それは予測のあまさとその対策の姑息さを、物語るだけである。私たちは、希望的、空想的立場に立つことに賛同することはできない。ひとはその姑息さを、現実的とよぶ。私たちは、こうした希望的現実主義、うしろ向きの現実主義に同意することはできない。

私たちは、東京の発展の必然性、その存在の重要性、そうして、東京が果たすべき機能の本質の重大さを、認めたいと思う。そうしてこの発展のエネルギーを正しくうけとめて、それを混乱のエネルギーから、新生にみちびくエネルギーに転化させたいと思う。そうして、そうした積極的・建設的立場にたつあらゆる提案を支持する。一千万都市は、二〇世紀後半にいたって、はじめて史上に出現した新しい有機的生命である。その生命を維持し、成長させてゆくためには、二〇世紀的都市の骨組を必要としているのである。しかし、その発展を放任してきた世界の一千万都市は、中世以来、変ることなく、求心型放射状の交通のシステムと、道路にそってたつ建築形態を、そのままにして膨張した。

そうして、一千万に達した都市は、それが必要とする流動的活動と、この硬化した都市構造とのあいだに、決定的な矛盾を示しはじめた。この古い肉体は、新しい生命の活動には耐ええなくなったのである。閉ざされた中世都市社会の反映であった求心型都市構造は、二〇世紀、一千万都市の開いた組織とその流動性に対応しきれなくなったのである。

東京を混乱にみちびいた矛盾の根元は、ここにある、と私たちは考える。

この東京を救う道は、ただ一つしかない。それは、東京が必要としている本質的な機能を発揮しうる新しい都市の構造をつくり出すことである。

しかし私たちは、東京を回避して、新しい都市を建設しようとは考えない。私たちは、東京を新生にみちびくために、その構造の改革が必要である、と考える。それは、単なる再開発を意味しているのではない。再開発にたいして、その方向を示そうとするものである。方向を見失った再開発は、東京の直面している問題を解決しうるものではないからである。

私たちは、東京の構造改革の方向をつぎのように提案する。

一、求心型放射状システムから線型平行射状システムへの改革

二、都市・交通・建築の有機的統一を可能にするシステムの探求

三、現代文明社会の、その開かれた組織、その流動的活動を反映する都市の空間秩序の探求

Ⅳ　求心型構造から線型構造への改革
——サイクル・トランスポーテイションの提案

都市が広場を中心として発展し、人々が地域社会の限られた拡がりの中で生活していた時代——中世広場は市民のコミュニケーションの中心であり、教会、城郭、そうして市庁舎などは、その精神的な支柱であり、その連帯のシンボルであった。放射状の道路を走る馬車は、沿道の建築群のアンサンブルと、パースペクティブの中で共鳴していたに違いない。

しかし、現在はマス・コミュニケーションの激流は都市の「閉じた系」を開放し、職域集団社会、活動集団社会へと、社会の構造自身を変革しつつある。この「開いた系」の社会では、そうしてその中枢をなす一千万都市の組織のなかでは、個々の意志によって自由にふるまう流動的なコミュニケーションの運動が、ますますはげしいものになってゆく。そうして、これが大量の通勤の定常流と重なりあって、都市の混乱は限界に達したのである。

中世以来それをもちつづけてきた求心型放射状の都市システムは、そうした――動き――に耐えられなくなった。この求心型パターンは、その内部から自己を変革してゆくことを求めている。

私たちは、都心という概念を否定して、都市軸という新しい概念を導入する。これは、求心的パターンの「閉じた系」そのものを否定することである。そうして線型発展を可能にする「開いた系」の軸を設定することである。そうして私たちは東京の構造を求心型放射状から線型平行射状に変革してゆくことを提案する。

放射型の原始生物から、線型の脊椎動物への、生物の進化の過程、また卵から脊椎が発生してゆく生成の過程は、この発展方向の必然性を示してはいないだろうか。

近代的工場が、その生産過程を分化してゆく。そのとき求心的位置におかれた万能機械も、その生産過程に応じて分化してゆく、そうしてコンベーヤ・システムの線型運動がその分化した機能を再び統一にもたらすのである。

高度化した大都市組織の分化した諸機能が、一つの線上に配置されているとすれば、あらゆる機能間の最短距離連絡は、この線上の運動によって行なわれる。これほど分かりやすく、迅速な運動はない。一千万都市の全活動は、このコミュニケーションの動きによって支えられることになるだろう。「閉じた系」の静的な中心であった教会が、中世都市のシンボルであったように、現代の「開いた系」の一千万都市にとっては、この——動く——軸こそ、その都市活動の動脈となり、また、この——動き——こそ、一千万都市のその象徴となるであろう。

私たちは、この——動く軸——にたいして、サイクル・トランスポーテイション・システム（鎖状交通系統）を提案する。二〇年後の東京の人口は一五〇〇万になると予想される。この都市軸上に集結をもとめる機能は、人口にして二〇〇万から二五〇万となるだろう。そうして、この都市軸上を流動する人の数は、五〇〇万人から六〇〇万人と推定される。これらの人々は大量輸送機関で流入してくると同時に、個々の自由な流動的運動をつづけるであろう。今までの道路や自動車専用道路が、これに対応できるであろうか。

現在のハイウェイでは、そのインター・チェンジの処理限界から一方向三車線以上は困難で断面交通量には限界がある。

私たちの提案する三層式サイクル・トランスポーテイションは、一つの長い糸をねじったときできるような鎖状の道路であり、自動車はその環の上を一方交通で蛇行しながら走るので、糸の重なりのところ——インター・チェンジ——では互いに同一方向で交差することができる。この交差のところに、車線の数だけの上り、下りのランプ——斜路——をつければよいわけで、車線の限界はなくなり、断面交通量は現在の高速道路の一〇倍、あるいは三〇倍を処理できる。これは軸上のあらゆる機能を迅速に結びつけ、それらの活動を統一する——動く都市軸——である。またここから、この軸と直角方向に斜線をはりだしてゆくこともできる。

それぞれの層は速度によって分けられている。最も下にある層の環は多層のパーキング・スペースをもつ人工土地の一単位を形成する。サイクル・トランスポーテイションは、終点のない環の連結であり、それぞれの環は、恒常的な交通流のサイクルをなし、またいくつつながっても常に完結した体系をなしている。この「単位性」は段階的線型発展を可能にする。この都市軸上の諸機能、ここで流動する五〇〇万の人々は快適に、迅速に、そうして容易にあらゆる自由な活動を展開してゆくであろう。

東京計画―1960
――概要

1 都市軸

都市軸は、都心を起点として成長する。そうして東京の発展とともに、東京湾上に展開してゆく。

求心型都市システムの中心核である都心を否定して、それを発展させた都市軸を、私たちは提案している。現在都心の通勤者人口は一〇〇万であるが、二〇年後には二〇〇万から二五〇万と予測される。都心において流動する人口は、通勤者を含んで、現在二五〇万であるが、二〇年後には五〇〇―六〇〇万と推定される。私たちは、そうした東京の発展と、そこに集まる諸機能の都市軸上への集結をおそれない。この集結こそ日本の文明と経済の前進のために、必要であると考えているからである。この発展に応じて、都市軸は、都心を起点として成長してゆく。

都市軸上には、日本の活動を支える中枢的諸機能が集結する。

現在の都心の諸機能は、その上にサイクル・トランスポーテイションの環を建設することによって、この都市軸の一環となる。

まず市ヶ谷―東京環・東京―築地環・築地―晴海環を建設する。インター・チェンジの場所としては、市ヶ谷の濠、東京駅の操車場上部、月島海上を利用する。それらの環は、インター・チェンジのところで、地表に接触するが、他の部分では、地表四〇メートルまたは海上五〇メートルの高さを走っている吊橋――サスペンションブリッジ――の形式をもっているので、市街地では既存の建物の上空を走ることになる。一キロメートル間隔にたつピヤーの土地を確保すれば、その建設が可能である。

この軸はさらに海上に成長してゆくが、そこには、まず中央政府と行政の機関が進出するのが適当ではないかと考えている。

外国の在日公館、外国商社などもくるだろう。金融、生産・消費管理中枢、コミュニケーションの中心、さらに技術開発などに必要な研究機関も、それらの産業中枢の近くに集結するだろう。

それに加えて、デパート・商店・娯楽場・文化施設・厚生施設なども集中してくるだろう。またホテルはぜひ必要なものとなるだろうが、さらに、レジデンシャル・ホテルあるいはアパートメントが、長期滞在者や、仕事に忙しい人たちのために必要になるだろう。

都市軸の交通は、サイクル・トランスポーテイション・システムをもっている。——自動車交通と大量輸送機関——

日本の中枢的諸機能が集結するこの都市軸は、厖大な通勤人口の定常流をうけ入れなければならない。そうして、また五〇〇—六〇〇万人のこの軸上での流動流を可能にしなければならない。

この軸のサイクル・トランスポーテイションは、大量輸送——モノレールなど——と個人輸送——自動車——のための道路とを、同一のシステムのなかにそなえている。市ケ谷のインター・チェンジでは、中央線からホームを変えることなく、このサイクル・モノレールに乗りかえることができる。また東京インター・チェンジでは、京浜線、地下鉄の数本の線と、同じような方式で連絡できるように計画されている。こうしたインター・チェンジのところで、双方が二点接触——二つの駅をもつ方式——しているので、この乗りかえ方式が可能となるのである。通勤などの定常流にたいしては、大量輸送機関の重要性は、自動車の普及によっても減ってゆくものではない。今後ともますます重要性を帯びてくるものであるから、そのシステムを計画的に再考慮することが、必要になってくるだろう。

車は、既存道路さらに計画中の高速道路から、同じく、これらのインター・チェンジのところで、このサイクル・トランスポーテイションの道路に乗り移ることができる。そうして、大量輸送と個人輸送を統一したこのサイクル・トランスポーテイションは、一環ずつの単位性をもって海上に発展してゆく。

この——動く都市軸——は、開いた社会・日本の、そしてまた開いた組織・東京の象徴となるだろう。

二〇年後この軸上には、日本の全機能の中枢が集結し、五〇〇万の活動がこの軸上でくりひろげられる。そうして、五〇〇万の人々は、相互の接触を求めてはげしく流動するであろう。この軸のサイクル・トランスポーテイションは、これらのいかなる量の流動にも耐える交通容量をもっている。これは、一時間二〇万台の断面交通量を可能にしている。いかなる高速道路も、こうした量をこなすことはできなかった。これは——動く都市軸——である。コンベーヤのように、動いている軸である。この流動こそ、東京が本質的に必要としているものである。すべての東京の人たちは、これと直角に平行射状にのびた道路を通って、この——動く都市軸——に入ってゆく。そうしてこの軸上のいかなる地点にも容易に、迅速に達することができる。

血液は、いきなり心臓に入ってはゆかない。動く脈線から流出し、またそこに帰還するのである。この——動く都市軸——は流動的な都市活動の舞台であり、また象徴となるだろう。

サイクル・トランスポーテイションは、都市・交通・建築を有機的に統一する。——高速道路——パーキング・スペース——建築

車は、サイクル・トランスポーテイションのインター・チェンジのところで、フィンガーまで一段おりると、パーキング・スペースに入ってゆくことができる。最小単位の環——一キロメートル角——にかこまれたところは、数層のパーキング・スペースになっている。そのパーキング・スペースの上に建築が立っている。その建築の形態について、一つの提案が、あとで示されるだろうが、ここでは、高速から緩速、緩速から歩行、そうして静止にいたる人の動きの機能的系列が考慮されていると同時に、スピードの有機的ハイアラーキーがある。

いまパーキングを三層に考えている。一キロメートル環の面積が全部パーキングとなるとすれば一キロメートル環に六万台の収容能力があるが、まずその七割程度を利用可能の面積として考えると、四万台である。全都市軸上には、四×二三＝九二万台の収容となる。

都市軸上の従業者を二五〇万とおさえると、一キロメートル環には従業者平均約一〇万人のためのオフィスが建つことになる。建築の延面積にして、多少ゆとりをとって、二三〇〇万平方メートルになる。容積率にして、三〇〇%ということになる。いずれにしても、建築容積率は三〇〇%、マックス五〇〇%と考えるべきだろう。

四万台の駐車能力のうち、約半分を外来者のためにあてるとすると、一〇万人の従業者にたいして二万台の駐車能力があるから、これだけ徹底したパーキング設備をもってしても、五人に一台の割合でしか車は利用できないことになる。他は大量輸送機関によることになる。

2 住宅地域

都市軸のサイクル・トランスポーテイションは、その両翼に平行射状の交通システムを展開させる。それは住宅地にのびてゆく。

都市軸のサイクル・トランスポーテイションのインター・チェンジからは、それと直角方向に平行射状の交通システムが展開してゆく。

市街地では、この平行射線は既存の道路と計画中の高速道路を、一部利用しながら、またそれと接触しながら建設される。この平行射状道路も一方交通である。行きと帰りとは、異なった道を通ることになる。別のいい方をすれば、この平行射状道路は、軸から直角方向に投げ出されたループであるともいえる。それはやはり環になっている。

新宿や渋谷、また上野などは、都市軸から投げ出されたループによって捕えられる――緊密に連結される。

私たちはこれらの副都心を、将来とも地域的な消費中心と考えている。消費的第三次機能の地域的中心である。そうして、生産的第三次機能は、都市軸に集結すべきであると考えている。しかし、これらは、都市軸とループになった平行射線によって、緊密に結ばれることは必要であると考えている。

平行射線は住宅地と都市軸を連絡するものである。それは都内においてもそうであるが、海上では、この関係はさらに明確になっている。また海上の平行射線は、都市軸の大量輸送機関と連絡のとれるようになっている大量輸送機関をもった高速道路である。

海上の住居地の土地造成は、在来の工法による埋立地と、海底から直接に建設する人工地盤――人工自然あるいは人工島とよんでもよい――の二つの方法によって行なわれる。

海を利用する場合、浅い海面は埋立によるのがよい。しかしその埋立てた土地では大規模な建築をしようとすれば、その基礎をもとの海底よりさらに深いところの固い地盤まで下げなければならない。だから大規模建築は、海底の固い地盤から直接に建設することを考える方がよい。人工の島をつくるということである。これについての一案はあとで示されるだろう。二〇年後には、海上の住宅地に五〇〇万人程度の人が住まうようになるだろう。

3 都市間交通と国際交通

新東京駅を海上の都市軸上に建設することを提案する。都市間交通が、現在もっとも混乱している都市部を通過することは、好ましくない。

東海道本線、東北線、常盤線さらに中央線などの全国的鉄道幹線が、混乱のさなかにある都心部の地表を通過し、またそのターミナルをその中心部にもっていることは、現在の混乱の大きな原因になっている。また広大な操車場が、都心地区で、都市機能を分断していることも、許されるべきでない。私たちは新東京駅を海上に建設し、東海道線は川崎までを海底で結び、中央本線は川崎から分岐させ、東北線、常盤線などは海底で船橋と結んで、東京都心部からはずすべきであると考えている。そうすれば、都内の操車場を移設することができる。旅客用は都市軸上に、貨物用は京浜・京葉の埋立地に移設すればよい。

旅客港、エアーポートの建設を提案する。

この海上新東京駅は、旅客港と一体となりうるだろう。またこの新東海道線——海底

――が、陸地に上陸する地点、現在の羽田は拡張整備して国際空港とし、千葉側に上陸する地点に、新しく国内空港を建設し、これらを一線上で――新しく海底に地下道路を平行して建設し――相互を緊密に連結することは、国内―国際交通体系として、もっとも好ましいことであろう。

4　工場地域

京浜・京葉の工場用地の埋立事業は、総合計画的に実施されねばならない。

すでに急速度で進行中のこの両地域の埋立事業は、ほとんど無計画に行なわれている。東京都・神奈川県・千葉県はそれぞれ無関係に、工場を誘致するために埋立事業を行なっている。これらはまったく無計画な工場用地アッセン事業にすぎない。大企業との個別的な取引きによって、海面は無計画に売り渡されているだけであって、なんらの総合的な調整も行なわれていない。道路整備、水計画が総合的に、先行的に計画される必要がある。

工場地域にたいして、新しい交通システムを提案する。

現在の第一、第二京浜国道のトラック輸送の麻痺状態は、根本的に工業用道路システムの検討の必要性を示しているだろう。これらのトラック交通は、大工場相互間の連絡、大工場と中小工場との連絡、さらに京浜地域と京葉地域との相互連絡の交通がその一半をしめている。他は、巨大な消費市場である東京都への製品や建設資材の供給のためにおこる交通である。これらがすべて、第一、第二京浜国道に集中している。京葉工場地域の発展とともに、急速に、京葉国道も麻痺をはじめるだろう。

私たちは提案したい。相互連絡のための工場用道路は、工場地域内に簡単なサイクル・トランスポーテイション・システムの道路を建設すればよい。そうしてまた、新東海道線と平行して海底に工業用道路を建設して、京浜・京葉両地域を結ぶことを私たちは提案したい。東京への供給には、その外部から、中心軸に向かう供給ルートを建設すべきである。私たちは、多摩川沿いに川崎から北上してゆく道路と、江戸川沿いに、千葉から北上してゆく道路を供給幹線として建設し、そこから内側に向かって都内への供給のルートを考えるべきであると考えている。

貨車輸送も、都内における消費にたいする供給と、工場への原材料輸送の二つのものがある。現在貨物駅が都心内部にあって、都市機能を阻害しているが、その駅自身すでに狭きにすぎて荷役能力の限界にたっしている。これらは都心部周辺での厖大な消費に対応するために都心に存続しているのであろうが、しかし、私たちは、貨物駅は京浜と京葉の両埋立地に新しく計画し、建設し、そうして都心貨物駅を縮小すべきであると提案したい。

5　既成市街地の再開発

東京の既成市街地は、求心型放射状構造から、線型平行射状構造への変革の方向に再開発される。

この東京計画—1960の主目標は、東京の既成市街地の構造を変革してゆくことにある。そうして、そのための再開発と海上への東京の発展とが相互に促進しあうような関係で考えられている。そのことについては、あとの建設のプログラムの項でふれている。

現在、東京都で計画されている新宿・池袋さらに渋谷などの副都心建設も、ここで提案されている線型、平行射状都市構造の一環となるとき、より有機的な位置づけを与えられることになるだろう。

　また現在の首都高速道路計画や、地下鉄計画をここで否定しているのではなく、それらは、ここで提案されている平行射状交通システムのなかで、その機能をよりよく果たすようにこの東京計画に取りいれられている。私たちは、現在進行しつつある状況を含めながら、しかも新しい方向への東京の構造改革が可能である、と考えている。

都市・交通・建築を有機的に統一するためには、道路と都市の建築群が対応しなくてはならない。

サイクル・トランスポーテイションの単位性をもつ環はその地域の建築群とフィンガーによって結ばれる。

　一層目の一キロメートルごとのサイクル・トランスポーテイションの環の内部は、多層のパーキング・スペースになっており、車はインター・チェンジから差しだされたフィンガーに乗り移って、このパーキングに入ってゆく。この多層のパーキング・スペースはそれ自身人工の土地になっていて、その上に建築が建てられる。その環の一単位は、建築群の地域単位を形成している。海上の都市軸は、それぞれ中央官庁地区、オフィスビル地区、ショッピング・ホテル地区、リクリエーション地区、新東京駅、新東京旅客港となっている。

サイクル・トランスポーテイションではインター・チェンジで車線の限界がないので現在の高速度道路の一〇―三〇倍の交通量を処理できる。

三層式サイクル・トランスポーテイションの第一層目は、時速六〇キロの速度で、一〇車線、一キロメートルの環をなす。この層の下には、建築群パーキングへの六車線のフィンガーがとりつけられる。第二層目は、時速九〇キロの速度で一〇車線、三キロメートルごとの環をなし、この下には、マス・トランスポーテイションとしてのモノレールがとりつけられる。第三層目は、時速一二〇キロの速度で一〇車線、九キロメートルごとの環をなす。互いの層はそれぞれ奇数個の点で重なっており、そのつなぎ目(インター・チェンジ)はすべて同一方向の交差となる。

都市軸のサイクル・トランスポーテイションに直交する道路は、同様につなぎ目の下に挿入され、一方交通のサイクルをなす。

現在計画されている高速度道路などの道路網はつなぎ目の点でこのシステムと結び合

わされることになる。海上では、三キロメートルごとの環のつなぎ目の下に直交する道路に、大量輸送機関としてのモノレールがとりつけられる。

AASHO——アメリカ高速道路公団——の車間距離算定式を用いた、断面交通量の算定式は

$$C=\frac{1000v}{0.19v+b}\quad (v：速度\ \mathrm{km/h})$$

で、$v\to\infty$とすると$C=5263$の値をとる。すなわち、一車線あたりの断面交通量は、いくら速度を早くしても〔「$v\to\infty$」とはそのことを指す〕限界がある。たとえば、時速一〇〇キロの断面交通量四〇〇〇台に対して、速度を二倍の時速二〇〇キロとしても、その容量は、五四五台増加するにすぎない。

そこで、いきおい、交通容量を増すために車線を増加するより手はないわけだが現在のクロバー型、ラッパ型などのインター・チェンジでは、一方向二、三車線の能力しかなく、そこがネックになる。

この案の都市軸部のサイクル・トランスポーテイションシステムでは、二方向の一時間当りの総断面交通量は二〇万台で、普通の高速度道路の一〇倍から三〇倍の交通容量

をもつことができる。

V　都市・交通・建築の有機的統一
――コアー・システムとピロッティを統一する一つの提案

現代の交通は、都市、交通、建築の関連を変貌させつつある。とくに自動車交通は、この関係を根本からくつがえしたのである。かって、道は、人が歩き、人が目的地に向かい、そうして目標とするドアーに達することを可能にするものであった。これが太古以来、都市の交通・建築のシステムを決定してきたのである。馬車が走るようになっても、そのシステムを変える必要はなかった。鉄道ができ、電車が走るようになっても、人々はそのシステムになんの疑問もさしはさまなかった。駅が問題を解決していたからである。

しかし自動車の出現は、この道路と建築との関係を一変させた。しかし依然として、古いシステムがそのまま残っている。そうして自動車と、この古いシステムとのあいだに大きな矛盾が現われてきた。現在の都市の混乱の多くは、ここから発生している。

自動車が鉄道や、電車のような大量輸送と本質的に異なっているのは、それが、個人の自由な意志によって、しかもドアから目的のドアに達することができるという点である。個人輸送であるという点にある。

歩行者と自動車の分離がはじまった。そうするとハイウェイと建築との関係は、いままでの道と建築との関係とはまったく違ったものになってしまった。それは鉄道と建築の関係に似て、かりにハイウェイに面して建築がたっていても、そこに車を止めることができない。高速道路から緩速道路へ、緩速道路からパーキングへ、そうしてパーキングからドアへという新しい交通の序列が必要になってきた。都市・交通・建築を有機的に統一する新しいシステムが必要になってきたのである。

これにたいして二〇世紀初頭、近代建築の先駆者たちは、「ピロッティ」――地上を柱だけの空間として開放する方式――を提案をした。

これは、流動のはげしい地表の社会的空間と、仕事と生活のための私的な静的な空間とのあいだをつなぐ空間として、提案されたものであった。車は地上を流動しても、上部の私的空間はそれにわずらわされることがないのである。

この「ピロッティ」を私たちも、広島計画以来ずっと提案してきた。都庁舎では、このピロッティ部分が、二層に分けられていて、地表は車に解放し、中二階は歩行者の専用にあてられた。私たちは都庁舎の総合計画において、このシステムをより発展させている。そうして一般にこの方式は、都市再開発の有力な方式になっている。

「コアー・システム」という方式がある。そうして私たちもそれを提案しているものであるが、それは建物内部の上下の交通——階段やエレベーター——さらに設備の動脈——上下水道、電気などの設備——を一つのシャフトにまとめて、建物の中核体とする方式である。また都市にも、交通と設備の動脈が走っている。この建築のコアーは都市の動脈の枝になるものである。このコアー・システムは都市と建築をつなぐものであるとも言えよう。

私たちはここで、「ピロッティ」と「コアー」とを統一したシステムを提案している。それは、「コアー」を柱として、建築をつくり、いわゆる柱というもののないピロッティ空間を作ってゆくシステムである。

そうして、このシステムは、「サイクル・トランスポーテイション」と有機的に統一されるようになっている。

サイクル・トランスポーテイションの一つのサイクル――環――は、多層のパーキングをもった都市の地域単位をなしている。ひとはそのパーキング・スペースで車を降りて、そこに根を下ろしたコアーに入ってゆく。そうして、エレベーターを上ってゆくと、目的の建築空間に達することができる。都市の地域単位と道路システムとは、こういうふうにかみ合わされる。道路、インター・チェンジ、パーキングスペース、建築空間のあいだに、そうして、高速、緩速、人の速度、停止のあいだに、空間の秩序とスピードの序列が生まれ、都市空間は新しい生命をとりもどすだろう。

VI　都市の空間秩序の回復
――開かれた社会・流動する組織・それを反映する都市空間の新しい秩序

現代の文明社会、そうしてその活動中枢としての一千万都市、その都市空間は、新しい技術がもたらしたスピードとスケールによって、その秩序を攪乱されつつある。中世の広場、そこにたつ教会あるいは市庁舎、それらはそこにむらがり集まる群集に対応した一つのマス・ヒューマン・スケールをもっていた。そうして、それを中心として放射状にのびてゆく街並のヒューマン・スケールとは、諧調のある統一をもって、都市空間の秩序ある序列を構成していた。

しかし現在、そうした市街に、巨大なスケールをもち、高速なスピードをもってそこを走るハイウェイが、突入してきた。スーパー・ヒューマン・スケールとよんでもよいようなこれらのスケールは、一九世紀あるいは二〇世紀前半にたった建築のもつヒューマン・スケールと、なんらの調和も秩序ももっていない。

しかし、現代の資本の蓄積は、これらの建設規模のスケールをますます巨大なものにしてゆくであろう。そうして、かつての都市空間の秩序体系を根底からくつがえすものとなるだろう。これらは時間的にも長期のサイクルに耐える都市のメイジャーな骨組を構成し、そうして新しく都市空間のシステムを規定してゆく大きな要素となるだろう。

この巨大さも、しかし、一〇〇キロの時速で走っている目からみれば、巨大ではない。現代のスピードと流動は、こうしたスケールの巨大化をますます促進させるであろう。

しかし一方、人は一メートル足らずの歩幅で歩いている。この変ることのない人間的スケールが、われわれの周囲をとりかこんでいる。あらゆる生活の道具・ラジオ・テレビ・台所用品、そうして住宅、これらは、しだいに工業生産化され、個人の自由な選択によって求められ、そうして捨て去られてゆく。その社会的・構造的耐用命数は、短いサイクルで回転してゆくだろう。

個性、自由への意志、自発的な行動は、技術の支配に対するアンティ・テーゼとして、ますます強くなってゆくだろう。住居・庭・道・広場という空間の系列も、人は、自発的な選択で、自由に動いてゆく。このような自由への欲求は、今後ますます拡大してゆくであろう。

この二つの極、よりメイジャーなもの、個人の自由選択を規制し、長期にわたって時代のシステムを規定してゆく構造、そうしてよりマイナーなもの、個人の自発性にもとづく自由を許し、短い時間のサイクルで変化してゆくもの、この二つの極の断絶は、ますます深まってゆくであろう。

この二つの極を有機的に関連づけ、都市空間の新しい秩序を探求してゆくことは、現在、重要な課題である。

しかしこの空間秩序は、もはや中世都市のような求心的ハイエラルキーをもつことはありえない。

空間と時間は一つのものである。中世の都市空間は歩行する時間の推移によって、とくに求心的な歩行によって、高調してゆく空間秩序であった。

しかし現代、この流動的な都市においては、歩行のスピードそして自動車のスピードが交錯し、またその方向も流動的である。求心的な閉ざされたものではなく、開いた流動である。そうして現代の都市空間の秩序は、より豊富な内容をもつことになるだろう。システマティックな体系をもつ空間秩序から、自由なグルーピングによる無秩序な体系までを、ともに含んだものとなるであろう。

私たちは、この両極の空間体系について、提案をすすめてきた。倉敷市庁舎、MIT計画、WHO計画、そうしてこの東京計画における都市軸上の高層建築、海上の住居単位は、よりシステマティックな空間体系のなかに、自由を求めようとしてきた方向であり、香川の住居団地、東京計画における地表の建築群などは、より自由な無秩序のなかに、秩序を求めようとしている方向である。

秩序のなかに自由を、そうして自由のなかに秩序を、この両極から、新しい現代都市の空間体系は創造されてゆくだろう。

Ⅶ　建設のプログラム

——混乱のエネルギーを構造改革のエネルギーに転化させる方式の提案

私たちは、世界の文明と経済はさらに大きく発展してゆくことを信じている。それと同時に、その厖大な生産が、その過剰を、戦争という破壊的消費によって、つぐなおうとする不気味な予感をもたないではない。

しかし、あくまで人間の叡智が、この厖大な生産を、平和の建設によって正しくうけとめてゆくであろうことを確信する。この建設こそ、二〇世紀後半に生きる人間の希望であり、二一世紀にたいするわれわれの責任である。

日本が発揮する東京発展のエネルギーは、現在、東京を混乱におとしいれている。しかし、このエネルギーこそ、東京を新生にみちびくエネルギーとなりうることを、私たちは確信する。このエネルギーを正しくうけとめて、それを混乱のエネルギーから、東京改革に向かう建設のエネルギーに転化させる方策を、われわれは探求してゆかねばならない。

　私たちはこう考える。

　現在、東京都心部の地価の騰貴は、驚くべき数字を示している。一平方メートルについて三〇万円というところは、もうすでに都心部では、見出すことが困難である。丸の内・銀座では、すでに一五〇万円の高値があらわれている。これらは、期待価格であるという一面をもっているが、しかし、実際の売買もかなり活発に行なわれているのである。最近の調査は——日本不動産研究所——この五年間に、一般卸売物価は一〇二・七とわずかな上昇を示したのに比べて、地価は、三三〇・〇に高騰したことを報じている。そうして一九五九年九月から一九六〇年三月までの半年の地価の騰勢は一三％であったが、一九六〇年三月から同年九月までの半年の上昇率は一八％に達し、その騰勢を伸ばしつつあることを報じている。

　この地価の高騰は、現代都市の矛盾の一面を反映している。住宅地不足は住宅地地価が過大な高さをもつことを意味している。住宅地はますます遠隔地に伸びてゆく。これに対して地価の抑制を考えてゆくことは必要なことである。しかしそれはまた、現在の都市化へのエネルギーの強さを物語るものなのである。とくに都心への集結の欲求が、さきにのべた都心の地価の高騰をもたらしたのである。

都心にたいするこの土地需要こそ、東京をその内部から改革し、建設を促進させてゆくエネルギーとなりうるものである。

私たちが提案する東京の構造改革の建設プログラムは、サイクル・トランスポーテイションの交通体系を建設してゆくことからはじまる。これは、一環ずつ建設していっても、常に、一つの交通体系として完成したものであるから、その建設を段階的に行なうことが容易である。

私たちは、二〇年後の東京の人口を一五〇〇万と考え、それまでに一応東京都心から出発するサイクル・トランスポーテイションの建設は、木更津地区に到達すると考える。これを四期に分ければ、各期を五ケ年計画で建設してゆくことができる。一環——三キロメートル単位——の建設費は、ほぼ三〇〇〇億円と計算されている。しかしこの一環のなかには、一キロメートル平方の地域単位が三つ含まれているので、建築可能の面積は三〇〇万平方メートルである。かりに東京都心に近い地点の土地を一平方メートルあたり五〇万円にて売却してゆけば、一環の建設によって一兆五〇〇〇億円の土地価値が生産される。これは一環の建設費三〇〇〇億円に対して一兆二〇〇〇億の付加価値が生産されたことを意味する。これを東京内部の構造変革のための再開発に利用してゆくことができる。海上の環については一平方メートルかりに三〇万円で売却すれば一環で九〇〇〇億円、建設費三〇〇〇億に対して、六〇〇〇億円の付加価値が生産される。これをもって、海上の住宅地の基礎構造体——人工土地——を建設してゆくことができる。

この計算には都市軸の多層のパーキング・スペースの建設費は含まれていない。しかしそれらは当然受益者負担によって建設されうるものである。

私たちは都市計画を、土地価値の生産計画であると考えたい。そうして、この提案は、その可能性を示すであろう。

しかし同時に、私たちは、都市計画は公共の立場で実施されるべきものであって、商業的投機的であってはならないと信じている。この提案も、公共団体、あるいは政府の手で、実施されるべきものであろう。

結び——実現への途

東京を救う道は、その構造を改革してゆく以外にはない、と私たちは信じている。この東京計画—1960は、その改革の方向を提案したものである。

しかし、この厖大な建設投資が、はたして可能だろうか、という疑問をもたれるひともいるだろう。まずそれに答えておく必要があると思う。日本の建設投資——建築と土木を合わせて——の総額は、一九六〇年現在で、内輪にみて二兆円である。一九七〇年には五兆三〇〇〇億円、一九八〇年には一一兆二〇〇〇億円と推定されている。とするとこの二〇年間の総投資は約一二〇兆円にのぼることになる。

その約六割をしめる建築投資について建築着工動態統計から算定すると、約二〇％が東京に投下されている——建設施工統計から算定すると約三五％となる。——また土木投資については、着工統計によれば一〇％にみたないが、施工統計によると、三〇％近くが東京に投下されていることになる。はなはだ統一をかいた統計ではあるが、まず東京には全国の二五％の建設投資が行なわれるものとみて、大きな狂いはないだろう。そうすると、ここ二〇年間に東京に三〇兆円の建設投資が予想されることになる。まずこの数字を念頭においていただきたい。

ここで提案している東京の構造改革計画の実現には、二〇年間に大略以下の建設投資が必要である。

1	都市軸のサイクル・トランスポーテイション建設費	四・〇兆円
2	新東京駅および海底東海道線その他の主幹線建設費	一・〇兆円
3	都内市街地を平行射状システムに再開発する建設費	三・五兆円
4	海上平行射線と海上住居の基本架構――人工土地――建設費ならびに住居団地の公共施設建設費	四・五兆円
5	1―4　小計	一三・〇兆円
6	都市軸上に完成する土地の売却による収入	七・五兆円
7	海上住居人工土地の買却による収入	一・五兆円

8 6—7 小計 九・〇兆円

9 5—8 差額 四・〇兆円

この差額四兆円を二〇年間に公共投資でまかなえば、この構造改革の基本的骨組は完成することになる。

10 都市軸上のオフィス・ビルその他の建築群八〇〇〇万平方メートルと四五〇〇万平方メートルのパーキング・スペースの建設費 一二・五兆円

11 海上住居の人工土地の上に建てる住居建設費五〇〇万人分一五〇万戸 一・五兆円

12 10—11 小計 一四・〇兆円

この一四兆円は、一部に住宅政策上の公共投資や官庁建築費を含んでいるが、主として民間投資に期待される。

以上を通算すると公共、民間をあわせて一八兆円の投資である。これによって東京の構造改革はほぼ完成することになる。東京の構造は、線型・平行射状システムに改革され、都市軸上には二五〇万人の従業者のための建築施設およびその他の建築が完成し、海上に五〇〇万人の住居が完成し、この提案のほぼ全貌ができあがることになる。

そうして、その他の一般の建築・土木の投資も一九六〇年現在程度のものが続くと考えれば、二〇年間で約一二兆円である。

こう考えてくると、東京への全建設投資は二〇年間で三〇兆円であって、ほぼ、はじめに挙げた三〇兆円に見合うことになる。

このことは、日本が発揮する建設のエネルギーを有効に利用すれば、たやすくこの計画を実現してゆくことができる、ということを示すものである。放置すれば、この建設のエネルギーはとりかえしのつかない混乱をまねくであろう。しかしそれを正しくうけとめれば、それは東京を新生に導くエネルギーとなりうるのである。

建築の技術について心配するひともいるだろう。たしかに世界的にみても、ここ半世紀のあいだ、建設技術の画期的な飛躍はみられなかった。現在建てられているほどのものは、まず半世紀前でも可能なものであったといえるだろう。三〇〇メートルの摩天楼も一キロメートルの吊橋も半世紀前にすでに存在していたのである。しかしその間に、建設の技術が進歩しなかったというのではない。その技術の潜在力は非常に進歩した。

しかしそれだけの技術を発揮する必要のあるような建設の領域が与えられなかったために、それらの技術は眠ったまま潜在化しているのである。建設の技術者、また建築家たちは、その鬱積のはけ口を細部の工夫や新奇の遊戯に求めている。しかし新しい領域——海上の都市建設、また巨大架構などの——が開かれれば、建設技術の潜在力は、堰を切られた怒濤のように、急激な発展をとげるであろう。いままでの技術だけをみて、しり込みをしてはいけない。技術を駆使しうる新しい領域が開かれれば、技術の潜在力は、自然に開発されてゆくのである。

現在の建設関係の法令ではこのような建設は不可能ではないか、とためらうひともいるだろう。こうした技術法を憲法と思いちがいをしてはいけない。文明の進歩と技術の発展は、技術法を刻々に改めてゆくことを必要としているのである。こうした技術法は、よりよき社会を建設するために存在しているのであって、ついに、法の制約によって、よりよき社会への発展をまげてゆかねばならない、ということはありえない。

しかしいまの政治の体制のなかで、こうした建設がかんがえられるだろうか、と疑うひとは多いだろう。たしかにいまの政治の体制と官庁機構のセクショナリズムのなかからは、いかなる総合的施策も生まれてはこない。その体制と機構が、あらゆる総合計画を不可能にし、その実現をはばんでいる。

お役人が無能なのではない。政治家の見透しが悪いためでもない。この不合理な体制と機構のなかでは、政治家も、お役人も、手も足もでないようになっているのである。この体制と機構が改革されないかぎり、東京は救われない。しかしそれを改革する力を機構のなかに期待することは無理であろう。外から世論として、それを打ち破ってゆかねばならない。

財界・学界・文化人・ジャーナリズム、そうしてすべての国民は、日本の首都、東京を救済するために、立ち上る必要がある。その運動のなかに、お役人も個人として、政治家も裸になって、その運動に参加できるはずである。

私たちは、あらゆる階層、あらゆる領域の人たちが、東京について真剣に積極的にそうして建設的にとり組んでゆくべきであると信じている。そうして、国民の広い層から東京に対する、一つの統一された建設的提案がもり上ってゆくことを、私たちは願っている。そうしてこのささやかな提案が、それへの一つの礎石になれば、私たちの希望はみたされる。

（初出は『新建築』一九六一年三月号。本書ではそれに一部加筆された『東京計画１９６０その構造改革の提案』丹下健三研究室、一九六一年三月より本論部分の抜粋を収録した）

Ⅲ　巨大都市の未来

大阪万博お祭り広場

撮影　石元泰博

写真所蔵　竹中工務店

日本列島の将来像

一　はじめに

新しい時代がはじまっている

過去数万年にわたって、この地表を開発してきた人類は、現在、地球の埒を越えて、宇宙空間に飛び立とうとしている。この地球上における人口爆発とエネルギー爆発がもたらした圧力は、地球の埒を越えて拡がろうとしているかのようである。そうして一方、人類が開発したコミュニケーションの触手は、その行動半径を宇宙空間へと拡大していった。人類はまさに、文明史上かつてなかった地平をまさぐっているかにみえる。このような人類の途方もない企ては、たんなる科学技術の誇示といってしまうわけにはゆかない、なにか重要な局面を暗示しているようである。

東西問題と南北問題が織りなす複雑な政治に彩られながらも、人類は新しい文明史的時代を迎えようとしている。

人々はこうした予感を、宇宙時代がはじまろうとしている、とささやき、また、第三の火がともされた、ともいう。経済学者は、第二の産業革命がはじまっているといい、また、これを成熟期以後の段階といった漠然としたことばで表現する。そうして、あるひとは、それを高度大量消費の時代とよぶ。あるいは、ひとは、それを建設の時代とよぶ。社会学者は、これをコミュニケーションの時代といい、また組織の時代ともいう。

世界の建築家たち、また都市計画家たちも、こうした時代をどううけとめるべきであるか、それをどのような状況意識において把えるべきであるかについて、問いはじめている。こうして、建築・都市計画の思想と方法にも、二〇世紀初頭の近代化革命よりも、さらに激しく大きい革命が、現在、世界のそこかしこに起りつつある。そうして芸術にも――絵画・彫刻・音楽・演劇・映画・文学あらゆる領域にわたって――新しい波がくり返しくり返しおしよせて、なにか大きな変貌が近づきつつあることを暗示しているかのようである。

二　現代の文明史的状況

はたして、現代とはどういう時代であるのか、人間生存の環境について考えようとするばあい、どのように考えたらよいのだろうか。私は仮説的につぎのような二つの軸で把えてみたいと思っている。

その一つは、エネルギー＝生産技術の革命——これを第一次産業革命ということもできる——とその後の持続的発展がもたらした現代的状況である。

その二つは、情報＝コミュニケーション技術の現代における革命的飛躍がもたらしている状況である。

私は、この二つの軸が重なりあって、現代的状況をつくり出していると考えている。

生産技術の革命と現代的状況

このことを考えてゆくにあたって、私はW・W・ロストウの『経済成長の諸段階』からその段階区分を引用しておきたいと思う。ただ考えを進める便宜上のことである。ロストウはこれを、伝統的社会、離陸のための先行条件期、離陸、成熟への前進、高度大衆消費の時代と五つの段階をかんがえている。これをここでは伝統的社会から離陸にいたる先行条件期、成熟への前進期、成熟以後の発展期と三つに大別しておくことにする。

離陸のための先行条件が充実する時期は、イギリスがもっとも早く一八世紀末から一九世紀初頭に、その他のヨーロッパ諸国とアメリカは一九世紀のあいだに相前後し、日本は一九世紀末に、そうして南米諸国はようやく離陸をおえたところであり、アジア、アフリカでは現在離陸がはじまろうとしている。この段階にある経済社会の特徴は、近代化に向かって離陸するために大きな社会的資本を必要としているということである。そうして、国家主義体制のもとに、農業生産からくる剰余所得が国家の資本形成に重要な役割を果たしている。しかし、まだ国民総生産は、微々たるものであり、それにたいする資本形成の比率も五%から一〇%のあいだにあって、あまり高くはないが、それが国家によって掌握されているので、近代化の基礎条件を整備するための社会的間接投資にふりむけることを可能にしている。

港湾や鉄道などの産業基盤が建設されるのは、この段階の特質であるが、西欧諸国では、この時期に首都の整備を行ったところが多い。パリやロンドンのいま見る形は、ほぼそのころ大改造されてできたものである。またアメリカの首都ワシントン建設もこうした段階に対応させて考えることができるだろう。

日本はこの段階で、鉄道建設を大規模に行ったが、その他の国家資本は、鉄鋼産業などの資本財生産部門への直接的設備、あるいはそれへの援助にふりむけられて、首都整備その他の生活環境施設の充実といった方向にはふりむけられなかったことが、特徴的なことであろう。日本の都市における生活基盤の劣悪さ、上下水道の不足、道路率の過少、燃えやすい家並などすでに、その段階で欧米諸国と大きな格差をつくってしまったといえよう。

ブラジルが新首都ブラジリヤを建設したことは、建築的に、また都市計画的に大きな問題を投げかけたものであった。またインドが新しくできたパンジャブ州のために新首都シャンディガールを建設したことも、その都市計画と主要建築の設計がル・コルビジエであるという点で大きな意味をもっている。しかし私はこれらを文明史的にみて、先行条件の段階における国家的資本形成のしめすような型を出てはいないとみたい。インドが、シャンディガールの建設に着手した一九五〇年には、インドにおける資本形成は、国民総生産の五％程度であって、ネールの国家的権力によってはじめて可能になった都市建設であるといえよう。ブラジリヤの建設をはじめたころのブラジルは、ようやく離陸をおえ、新しい工事が発展の緒につき、資本形成の比率も一四％程度まで達していたが、ブラジリヤは国家主義的色彩のつよいクルシェヴィッツ〔クビチェック〕大統領の力によってつくられたものであったといえよう。（このことは、これらの都市と建築にあらわれている思想と方法が、近代的・機能主義的であっても、あとで触れるような、真に現代的なものに欠けていることの一つの理由でもあるだろう。）

経済が成熟への前進をおしすすめた段階、あるいはおしすすめつつある諸国では、植民地にたいする国家的統制のもとにおけるインドのニューデリー建設や、日本が満州国におこなった新京の建設などはあったが、国内的には、シャンディガールやブラジリヤに見られるような国家的首都建設は行われないし、また行われうる条件をそなえてはいない。オーストラリヤがその先行条件期に計画した首都キャンベラが、その後、急速に成熟へと前進をとげたオーストラリヤ社会にとって、しだいに適応しがたいものになったことも、これについての興味ある実例といえよう。

この段階では、経済の発展は、企業における生産の極大、利潤の極大という目標をもった企業家的精神と、資本家的活動によって演ぜられる。そうして私企業の自由な目的極大化への追求が「見えざる手の導き」によって、全体として、国民経済の調和ある繁栄をもたらすというアダム・スミス的信条が支配している。経済社会が度重なる恐慌に遭遇しても、この信条はゆるがなかった。その間、いくたの曲折はあったが、生産性は持続的に上昇し、国民総生産は順次成長をとげていった。

そうして、ロストウの言葉をかりれば、経済は、近代の技術の最も進んだ成果を吸収し、かつそれを資源のきわめて広い範囲にわたって有効に適用することができる能力を誇示する段階に達した。この段階において、経済は工学的技術と企業的精神によって、生産しようと思うものは何物によらず生産しうることを誇示するのである。

資本はここでは、生産を極大にする手段の役割を果たしている。そうして資本形成の国民総生産にしめる比率も、二〇%前後にまで漸次高められていった。しかし、その大部分は、企業的設備投資であった。そうして、こうした企業投資が旺盛になればなるほど、公共的・社会資本の相対的不足が累積的に、加速度的に深まっていった。

経済はその成熟の過程で二つの欠陥をあらわした。一つは、生産と需要との不均衡からくる恐慌であった。二つには、社会資本の企業資本にたいする相対的・累積的不足からくる生活・生産基盤の欠陥であった。しかしこうした欠陥を意識するには、経済はその成熟期を迎える必要があった。

いま世界のいくつかの地域では、経済はその成熟に達し、新しい段階を迎えようとしている。この局面ではアメリカがもっともぬきんでており、西ヨーロッパ諸国がそれに続いている。日本も新しい局面に一歩をふみ出しており、ソ連もこれにたいして希望をよせている。

経済が成熟に達したころ、経済はその成長率をしだいに高め、その成長は加速度を加えはじめた。第1図は市村真一教授の試算によって、一九〇五年から一九六二年までのアメリカ、ヨーロッパ、ソ連、日本の経済成長が描かれている。かりに、これらの地域が将来四％の成長率を示すとした場合、また、日本については四％から八％のあいだにあると仮定して伸ばしてみた場合を、点線で示してある。これは全く想像を絶する巨大な歩みというほかない。

こうした局面にたちいたって、経済の認識にも大きな変化があらわれた。象徴的にいえば、スミス的認識からケインズ的認識であるといえよう。需要が供給を決定するというケインズの有効需要の理論は消費と投資が経済に果たす役割を再び前面におし出した。それは一つには、消費パターンの変化を暗示するものでもあったといえよう。実質的

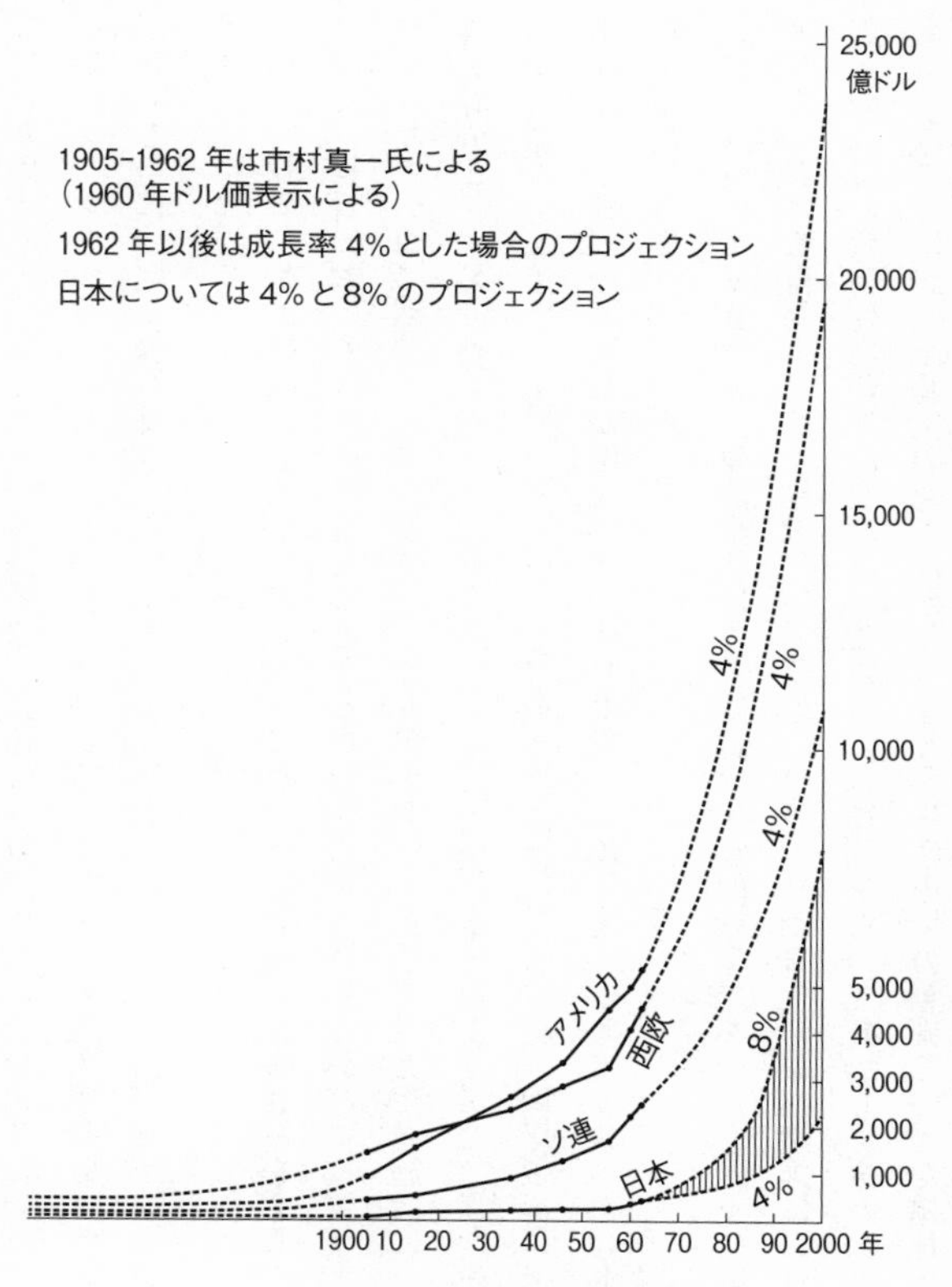
25,000
億ドル
1905-1962 年は市村真一氏による
(1960 年ドル価表示による)
1962 年以後は成長率 4% とした場合のプロジェクション
日本については 4% と 8% のプロジェクション
20,000
15,000
10,000
5,000
4,000
3,000
2,000
1,000
4%
4%
4%
8%
4%
アメリカ
西欧
ソ連
日本
1900 10 20 30 40 50 60 70 80 90 2000 年

第 1 図　世界経済の成長

な所得が向上し、多数の人々が基礎的な衣食住より以上のものを求めるという、新しい消費パターンをつくりはじめたということである。より多くの耐久消費財とサービスの消費、さらに住宅や公共施設にたいする、より質の高いという生活パターンをつくり出した。

一方、投資の量的拡大にしたがって、投資にたいする認識も変らざるをえなくなった。そして、投資における政府の役割である公共投資が二重の意味をおびて重要なものとなってきた。一つは私的・企業的投資がつくり出す個々の生活施設と生産施設にたいする基礎構造としての役割である。もう一つは、建設事業に投入される有効需要(生産財の需要)と建設事業による雇用がもたらす有効需要(消費財需要)が、国民経済に果たす役割が認識され、公共投資が国民経済を成長と安定に導くものとして重視されはじめたということである。

アメリカのTVA開発の建設事業はこの認識の先駆的試みであった。とくに戦後のアメリカにおける自動車道路の建設、住宅団地の建設、またヨーロッパ諸国における都市周辺の大量の公営住宅の建設などは、この新しい役割をもって登場してきた公共投資である。ここでは、生産基盤の充実ばかりでなく、生活環境の整備といった福祉への方向

——国によってその志向の度合いは異なっているが——をもった投資さえも、その福祉的意味とともに、有効需要の増大として、国民経済の安定にたいする経済的意味が与えられている。

このような公共投資による社会資本の充実が一応の成果をあげつつある一方、依然として私的・企業的建設活動がその量を巨大なものにしつつある。都心地区のオフィス・ビルの大量の建設、郊外住宅地の放任された建設、大都市周辺地域への工場の集積などが現われている。それらは、ますます、都市機能の混乱を助長し、生産基盤を弱体化し、生活環境を悪化する方向に行われている。世界はこうした巨大な建設投資を予想しながらも、まだ、新しい時代に対応した人間環境の創造にたいして、秩序のある構造と均衡のとれた発展をもたらす思想も方法も見出してはいないようである。

そのなかで、アメリカが示しつつある大規模な都市再開発は、一つの側面における可能性を暗示している。それは土地取得には政府資金を、そこにたつ建築群については民間資本を導入しながらも、総体的に統一あるプログラムによって制御されている。このように、民間資本を公共的プログラムに編入するという方法は、公・私連合の公共事業の一形態として、新しい可能性をもっている。このようなことは、民間資本の投資単位の規模が巨大になったという現段階において、はじめて可能になったものと思われる。これは、かつて国家的権力によって建設された都市あるいは、大改造された都市とは一段高い次元で、都市再開発や新都市建設が、政府と民間の調和ある協力によって、再び可能になる時代がくることを暗示しているようである。しかし、これらの再開発や新都市建設の手法は、まだ現代の文明史的状況を反映しうるには至っていない。

生産技術の革命とその後の持続的発展がもたらした現状況を要約するならば、それは、世界的規模での加速度的な経済の成長であろう。それは一方では消費生活水準を向上させ、そのパターンを大きく変化させつつある。また一方、食・衣についてはもとより、耐久消費財さらに自動車のようなものまで、年々に新しい型に切りかえていくというように、その消費のサイクルは短くなりつつある。住宅もかつては孫の代までといわれていたが、おそらくますますそのサイクルは短期化してくるにちがいない。このようにはげしい消費と消滅は、刻々人間の生活とその環境を新陳代謝させつつあるといってよいだろう。一方、ますます巨大化する建設は、人間の生活環境を急速に変化させ変貌させつつある。まさにダイナミックな時代にさしかかったといってよい。

日本の建設のエネルギー

ここで、日本の状況について、多少の数字を示しておきたい。日本の資本形成は第1表にみるように、ここ数年来三五%にも達し、諸外国と大きな開きをつけているが、これは軍備をもたないことからきている幸せだといえよう。もう一つには対外援助にもまだ乗り出していないという点にもかかっているのであろう。それはアメリカ、イギリスの一六%程度の低い率と興味ある対照をなしている。

ついでにこの表から読みとってみたい点の一つは、日本の国民総生産は、欧米諸国とかなり大きな開きがあるにもかかわらず、一人当たり年間固定資本形成は日本一九〇(単位ドル)にたいして、イタリア一六〇、イギリス二四〇、フランス二四〇、西ドイツ三六〇、カナダ四二〇、アメリカ四六〇であって、互角の高い値を示している点である。

日本の場合この固定資本の形成のほぼ六〇%が建設投資であると考えてよい。あとの四〇%が企業の機械設備投資であるが、日本のこの数字の算定にあたっては、公・私とものの土地購入費もこの四〇%に含まれていると考えられる。

第2図は日本経済が中期計画でいう八%の成長を長期にわたって持続する場合と、中期計画以後は平均四%の成長を示した場合について、建設投資の伸びを図示したもので

第1表　総固定資本形成――日本と欧米諸国

日本の資本構成

年次	人口(百万人)	固定資本形成 (10億ドル)	1人当り投資額	GNP 比率	構成(%) 住宅	非住宅建築	建設	交通機関	機械
1930		0.02	(ドル)	8.5(%)	13.5		86.5		
40		0.35		21.1	5.5		94.5		
50		1.93		17.6	8.6		91.4		
55		4.2		18.3	9.4		90.6		
56		6.2		24.0	8.8		91.2		
57		7.6		26.9	8.2		91.8		
58		7.8		27.0	8.5		91.5		
59		9.8		28.0	7.8		92.2		
60		13.1		32.2	7.3		92.7		
61		17.4		35.3	7.2		92.8		
62		18.3		34.1	8.2		91.8		
国際比較〈1961年度〉									
日　本	94.3	17.4	190	35.3	7.2		92.8		
カナダ	18.2	7.7	420	21.8	18.3	50.1		8.7	22.9
フランス	46.5	11.2	240	17.8	22.3	28.1		12.3	37.2
西　独	54.0	19.5	360	25.1	23.3	26.9		11.9	37.9
イタリア	50.5	8.2	160	23.1	23.6	8.1	23.0	14.5	30.8
スウェーデン	7.5	3.0	400	22.2	23.1	41.9		10.3	24.7
英連邦	52.7	12.6	240	16.9	18.1	30.4		13.7	37.8
アメリカ	179.3	82.4	460	15.8	27.1	19.9	21.3	31.0	

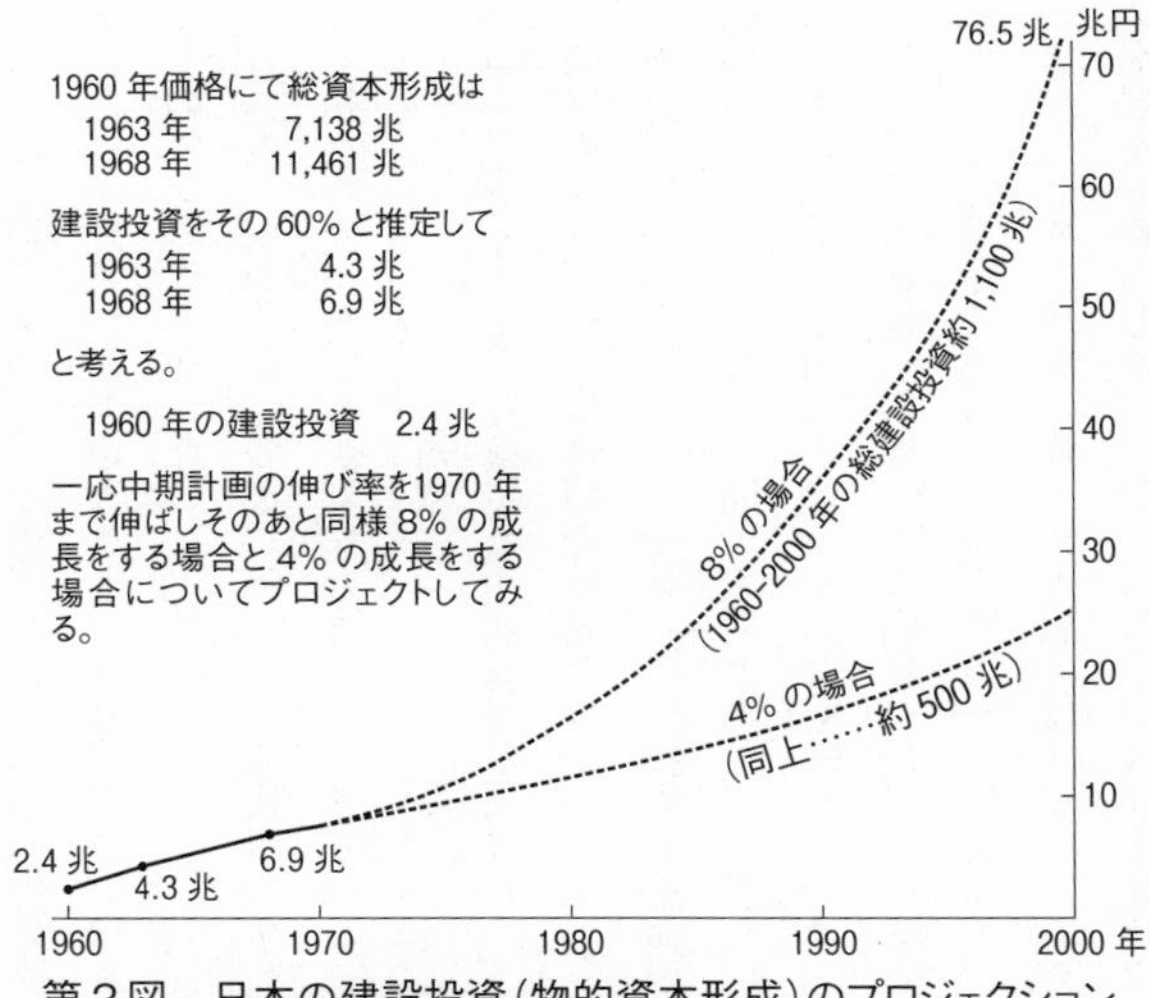

第２図　日本の建設投資（物的資本形成）のプロジェクション
経済審議会中期計画による

ある。今世紀末までの総建設投資は、八％の場合、一一〇〇兆円、かりに四％としても五〇〇兆（ともに一九六〇年価格）と予想される。この大きさを想像していただくために、その比較を示してみよう。戦後から一九六〇年までに日本で建設された総量が一五兆円である。東海道新幹線を含むオリンピック関連工事費合計（この中には土地購入費が含まれているから、さらに割引いて考えてよいが）一兆円である。これらは日本の国土の姿を全く一新したものであった。その三〇倍から七〇倍の建設が、一九六〇年から二〇〇〇年のあいだに予想されるということである。そこで起る変化と変貌の大きさは、想像を絶するものであるにちがいない。

日本も、成長と変化のダイナミックな状況にさしかかったといってよいだろう。現実は、私たちのいかなる夢よりも速く、駆けてゆくであろう。

コミュニケーション技術の飛躍的発展と現代

第二の状況、それは情報の理論とコミュニケーション技術の飛躍的発展がもたらしつつある現代的状況である。それは生産技術の革命が人間社会に与えた衝撃にもまして、強い力をもって人間と人間、人間と物質、そうして人間と自然との関係を変革しつつある。人々はそれを第二の産業革命とも呼んでいる。

第一の革命とは、人間がその肉体の延長、あるいは手の延長を、道具か機械に託して、発展させた革命であるといえよう。それによって、物を作りだす生産技術を発展させてゆき、そして、ついに作ろうと思えば、なにによらず作れるというような技術と生産力の発展をもたらした。そこから新しい人間関係が生みだされ、現代社会を形成する一つの大きな軸となった。これが前項で触れてきた第一の状況であり、第一次産業革命の発展過程だとみてよかろう。

それにたいして、現在新しくはじまった第二次革命は、人間の神経系統の延長を情報理論とコミュニケーション技術を通じて作り出していきつつあるところの革命である。それが現代社会の形成の第二の大きな軸となりつつある。しばしば、オートメーション革命が語られるが、それは、この革命の一つの現われといってよい。

社会とそのフィジカルな反映である生活環境——都市・国土の地域構造——を有機体にたとえてみるならば、第一の革命によってひき起されたダイナミックな成長と変化は、その**代謝機能**の旺盛さを示すものといってよいだろう。そしてこの第二のコミュニケーション革命がもたらしつつあるものは、その**制御機能**の充実であるともいえるだろう。現代社会と国土の構造は、その代謝機能をますます旺盛にし、かつその体内に制御機構を創り出しつつ、その組織の有機体構成を、ますます高度化しつつある、とみてよいだろう。

社会は全体として、個人—家族—法人—都市—国家といった異なった次元の層をなしながら、これら構成要素をしだいに機能分化させつつあるとみられる。現代社会のもつ、多様性はこうした分化によって生まれたものである。しかし分化した構成要素は、同じ次元内で、あるいは異なった次元のあいだで、相互のコミュニケーションによって連結され、有機体生命を維持している。サイバネティックスの創始者ノーバート・ウィーナーのことばのように、《コミュニケーションは社会のセメントなのである》。

こうした連結には二つの種類があるとウィーナーはいう。それは**エネルギー的連結**と**情報的連結**である。エネルギー的連結とは、例えば鉱物における分子配列のごときものといえるだろう。植物における細胞間の連結も、まだエネルギー的連結であるといえるかもしれない。これを社会組織にあてはめてみるならば、古代的な固定した序列によってできている社会は、鉱物的・エネルギー的連結の社会といいうるかもしれない。またたとえば単純労働は一度その労働の型が決定されると特別の新しい情報がなくとも継続できるし、工場は一度その生産システムが決定すれば、あとはエネルギー的に外部と連結して動いてゆくことができる。これらは植物的・エネルギー的連結といえるかもしれない。

これにくらべて情報的連結とは、動物における細胞相互の連結のように、神経系統によって連結され、情報の送りこみ、送り返しによって、それぞれの行動を制御してゆくことが可能であるようなもの、つまり双方のフィード・バックが可能であるような連結の仕方とかんがえてよかろう。これを人間社会にあてはめて考えるならば、よりよい民主的な社会とは、より強く情報的に連結された社会であるともいいうるだろう。

広義にみれば、コミュニケーションとはエネルギー的連結をも含むとみてよいが、一般には主として情報的連結として考えられている。

コミュニケーションは、しかし決して人間に限られたものではない。程度の差こそあれ、動物にもみられるものである。しかし、人間の言語ははるかに発達したものであり、人間社会における情報的連結は、ともあれ言語からはじまったといってよいだろう。しかし、情報の伝達、その交換、その貯蔵とその処理の技術は、二〇世紀しかもその後半において革命的な発展をとげつつあるということが留意されるべき点であり、それによって、現代社会の組織に革命的な変化がおこりつつある、ということが重要な点である（第3図参照）。

現在、私たちの環境のなかに、コミュニケーションのいろいろなメディア――出版・ラジオ・テレビなどのマス・メディア、さらに電信、テレタイプ、電話などの個人的メディアなど――を通じて、非常に豊富な、無数といえるぐらいの情報がびまんしている。

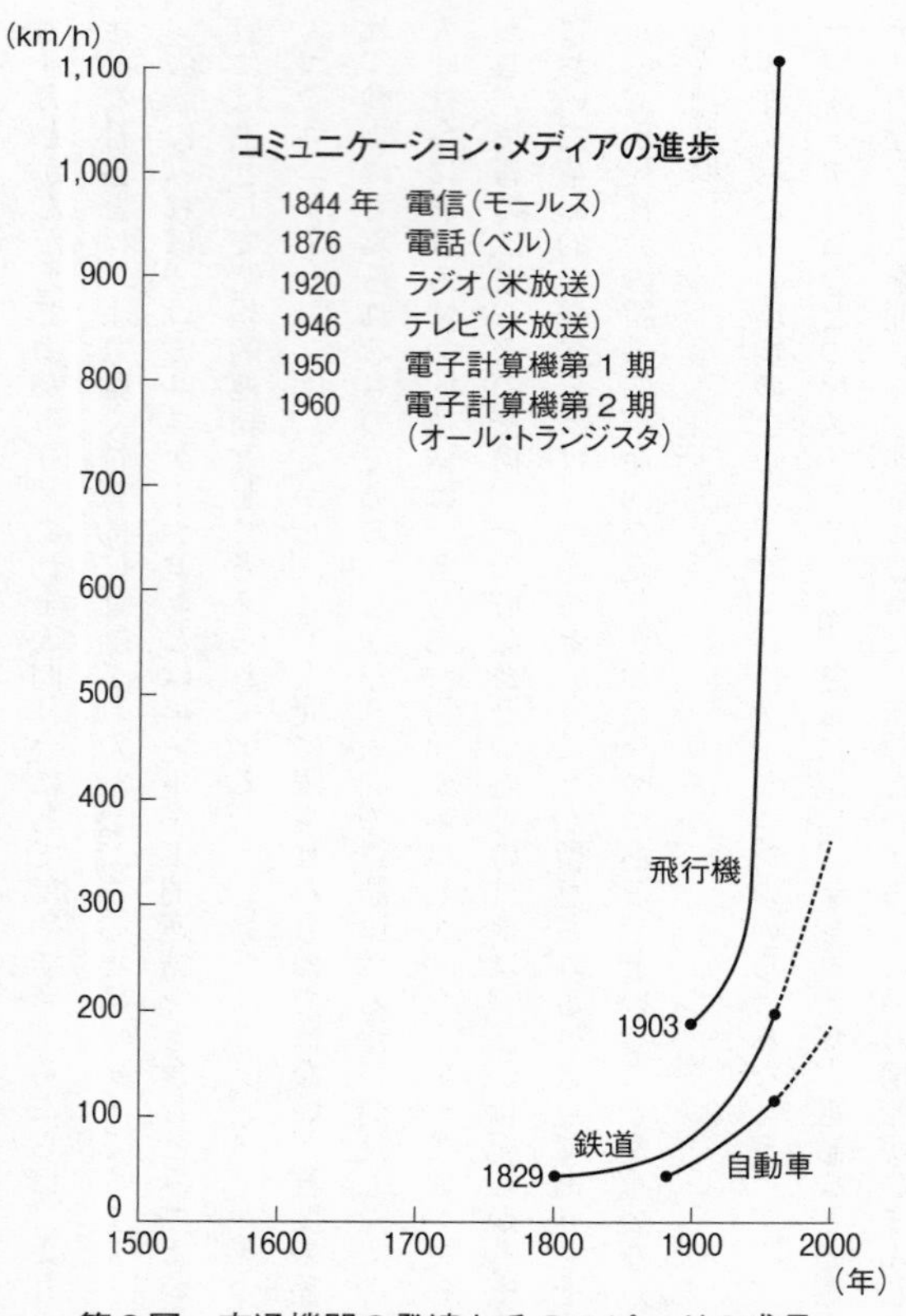

第３図　交通機関の発達とそのスピードの成長

いわゆるコミュニケーション・オーバーロードに、人間のほうが圧倒されそうになっている、ともいわれる。しかし、人間はそれにたいして、コミュニケーションの技術をもって対決している。電子計算機、あるいは人工頭脳といわれるものがそれであるが、人間はそれらによって、数百万の情報を記憶し、整理し、集計し、選択し、そこから行動や態度の決定を導き出そうとしている。情報伝達と交換の技術の発展と、その処理技術の発展とは、お互いに刺激しあいながら、加速度的な発展をとげつつある。

そのうち、ラジオ、テレビなどのマス・コミュニケーションは、現代の大衆社会の成立にその技術的基礎を与えたといわれているが、しかし、なおまだ一方的な連結、フィード・バックのない連結だといわなければならない。電信・電話・携帯電話あるいは近い将来にはテレビ電話とか、三人以上が同時に会話のできる電話など、フィード・バックのあるコミュニケーション技術はますます発達し、人間相互間の情報的連結に果たす役割は、極めて大きいものがあるだろう。将来、人間のフェイス・ツウ・フェイスの接触を必要としなくなるのではないかともいわれるぐらいである。しかし私は、また多くの学者も、事態はまさにその反対で、こうしたコミュニケーションの技術の進歩は逆に人と人、また人と物との直接的接触の必要をさらに刺激するだろうと考えている。間接的コミュニケーションの技術の進歩は逆に直接的コミュニケーションにたいする欲求を刺激しているともいえるだろう。現代は組織の時代であるとは、別のことばでいえば、会議の時代であるといってもいいくらいである。なにごとの決定も個人ではできず、会議、あるいは組織で決定される。会議とは情報を持ちよって、それを整理し、選択し、そこから行動の基準を決定するために必要な手続きである。会議もまた人と人との直接的コミュニケーションなしにはなりたたない。

こうした直接的コミュニケーションとして、輸送技術とその交通のパターンは、現代社会において情報的連結を維持するうえに重要な役割を示すようになってきたのである。

かつて交通は、財貨を輸送することを、その本分としていた。人間の輸送でさえ、せいぜいエネルギーだと考えられていた。産業道路などということばや、さらに産業道路優先などという考えかたは、そのことをもの語っているようである。しかし現代の交通は、財貨やエネルギー輸送以上に、情報のチャネルとして、情報的連結のメディアとして、その重要性がでてきた、という点に、頭を切りかえていかないと、理解されえなくなってきたのである。

鉄道などの大量輸送は、今後とも人口密度の高い地域では、ますます有効性を発揮するだろうし、とくにその高速性は、遠距離交通にたいして自動車に優位をしめるであろう。また飛行機による大量、高速、遠距離輸送の伸びはますます加速されるだろうし、さらに垂直離陸飛行機は、通勤輸送の有力な手段となるだろう。しかし依然として自動車の強みは、それが個人輸送のメディアであって、ドアからドアへという個人の自由な自発性に基づく運動を可能にするという点にあり、それにたいする需要の伸びは、幼老年を除く一人一台の比率にいたるまで、持続されるであろう。

こうした交通手段の発展は、人間社会の組織とそのフィジカルなパターンを急速に変革している。現代の巨大都市地域の出現も、こうした交通コミュニケーションの手段なしに考えることはできない。それはまた現代の生活のパターンを流動的なものにし、生活行動の半径を拡大していきつつある。そうしてついに、人類は宇宙空間へと挑戦をはじめているのである。

現代のコミュニケーション(交通をふくむ)技術の飛躍的発展は、社会の内部に、高度の情報的連結(フィード・バック)のメカニズムを創りだしつつ、自由で弾力的な結合関係(個人はそれぞれ自由な自発的な選択的行動を最大限に発揮しようとしている。しかし個人の自由で流動的な結合関係が一つの秩序を形成してゆく)を生みだし、そうして開かれた組織を形成しつつあるところの技術的基礎なのである。

社会体制における古典的な対立概念であった、自由か独裁か、自主か統制か、といった二者択一は、もはやここではその意味を失ってゆくだろう。《社会は一つの組織である。そうした組織とは》とウィーナーはいう。《ある面を変化させるためには、他のあらゆる面の固有性を破壊してしまわなければならないほど、ぴっちりと連結されたものでもなければ、任意の一つのことが、他と何の関係もなくやすやすと起るというほど、ゆるく連結されたものでもない。一切のことが必然であって、何事も偶然ではないような世界では、組織という概念は無意味である。また一切が偶然であるようなブラウン運動にも、組織という概念はあてはまらない》。

そうして――世界は万有の平衡と斉一の状態に向かって押し流されている。組織と体系は解体し、一切の差別は消滅し、熱の死滅の状態に近づいてゆく、これはマックスウエルやボルツマンが物理学においてあきらかにした熱力学の第二法則である。この秩序を失い混沌とした世界に、ケルケゴールは悲劇をみた。

しかし、ウィーナーはいっている。《こうした無秩序に向かう自然の圧倒的な流れに抗して、自由意志によって秩序と体系を構築してゆくこと、つまり組織を構築してゆくこと、これをあえて私は企てようとしている。情報と予測と制御の理論、つまり組織の理論をもって、現代社会における秩序を回復し組織の構築を企てようとしている》と。

組織とは完全な自由の容れものでもない。しかしそれは独裁的な鋳型でもない。それは自由と秩序のあいだのフィード・バックと自主的に制御している有機体であるといえよう。

私は、現代社会はこうした有機体構成をしだいに高度化しつつあると考えている。それは植物から動物へ、さらに人間にいたる進化に似て、社会組織のなかに神経系統を創りだし、頭脳活動さえ開始しようとしていると考えたい。

現代の経済社会も、自らの行動を自主的にコントロールし、また予測と計画を可能にしつつあるといえよう。ケインズが開拓した国民経済の構造とその運動は、電子的フィード・バック回路とのアナログによって、解析しうることを、電子工学者はあきらかにした。そうして、国民経済は、スミスの「見えざる手の導き」から「目にみえる構造と運動」として把えられ、さらに制御と予測の対象となりうるものとなったのである。アメリカの経済学者ガルブレイスは、こうした経済構造とその運動の計数化と視覚化の果たした威力は、原子爆弾の力よりも偉大であると語っている。これは国民経済を高度に組織化する途をひらいたものといえよう。あるいは、国民経済は自己の体内に、制御機構を創り出しつつあるともいえよう。このことは、肉眼で飛んでいた飛行機と、すべてが自動制御されながら、自らの軌道を保っている宇宙ロケットとの違いほどの開きがあるのである。

こうしたコミュニケーション技術の革命的発展は、人間社会の構成をも大きく変化させているのである。人々はこれを、二つのことばで表現している。オートメーションの時代と呼び、つぎには、生産の時代から行政と管理の時代への移行とも呼んでいる。コーリン・クラークのいう第一次産業から第二次産業へと人口と資本が移動した時期を生産の時代とよぶならば、いま人口と資本は、ますます、第三次産業に移動しつつある時代であるともいいうるであろう。

しかしこの場合、産業という企業単位の分類では問題は十分あきらかにならないのである。人間行動をより直接的に示す職業分類が必要になるだろう。

第二次産業に属する製造工業企業をとりだして考えてみよう。その内部に大きな職業構成の変化があらわれはじめた。つまり直接生産を担当するブルー・カラーに比べて、技術者などの専門職、生産・流通部面の行政的・管理的職種、さらに販売・宣伝などの流通面の担当者、それらを補助する一般事務関係、これらのホワイト・カラーあるいはB・G〔ビジネスガール〕たちが、大量に創り出され、その数においてブルー・カラーを追いこさんばかりの勢いになっているということ、しかも彼や彼女たちは、ブルー・カラーよりも高給をはんでいるということ、このことは、つまりホワイト・カラーの生産性が、無視しえないぐらい高くなっているということでもある。このオートメーションの進歩はますますこの傾向に拍車をかけるであろう。このことは、人間は手の働きより、頭の働きに、より多くの価値と福祉を見出してきた、きざしであるともいえるだろう。

もう一つの側面は、産業分類でもともと第三次に属している部門が、ますます拡大し、さらに新しい領域を創り出しつつあるということである。

政府の役割が再び重要なものとなることからくる行政部門、経済の成長を刺激する金融・商社などの拡大、交通・コミュニケーション部門の新しい領域の成長、医者、弁護士、建築家に加えて、さらに新しく、技術から経営にいたる専門的コンサルタントなどの発生、ますます増加する芸術家たちと、各種のタレント、これらの頭脳労働者、ホワイト・カラーは、全体の人口構成のなかでますます増加の一路をたどっているということができる。これらを合わせて、第三次産業人口と区別する意味で、第三次的人口とよぶことにしよう。そうして直接製造過程に参加する人口を、第二次産業人口と区別して、第二次的人口とよぶことにしよう。

そうすると、ここで最も重要なことは、これらの第三次的人口は第二次的人口と異なった行動をとるということである。第二次的人口は定められた作業のルーティンに従った繰り返しを行うことができるので、自己の外部とは、エネルギー的に連結されていれば足りるということがいえるが、第三次的人口は、外部と、情報的連結なしには行動することができない人たちである、という違いである。

第三次的人口とは情報を集め、貯え、選択し、整理し、交換し、処理する作業に従っている人たちであり、ときに重大な方針決定を行う人たちである。しかし彼らは財貨的価値を直接に生産することはできない。彼らは情報的価値を創り出している人たちである。つねになにがしかの程度の不確定さに迷わされながらも、それに判断を下しながら行動している人たちである。しかし、多くのばあい、自分一人で判断を下すほど独裁的でもなければ、不確定からくる危険を一身にひきうけるほどの勇者でもない。そうして、すべてを会議にゆだねている。要約すれば、彼らは外部と情報的に連結されないかぎり、何らの行動もとりえないのである。彼らは組織のなかでしか生きてはおれず、コミュニケーション・ネットワークから離れては、生きてゆけない人たちである。

人々はより多様な、より豊富な、より迅速な、より円滑な情報とコミュニケーションを求めている。人々はもう過去のように離れればなれに住むことができない。現代大都市地域の形成、一千万都市地域の出現は、こうした文明史的状況の直接的な表現だとみてよいのである。

現代大都市地域の形成の主導力は、こうした人口の第三次化のなかにあるのであって、もはや人口の第二次化の過程で形成された一九世紀的都市とは、本質的な違いがあるのである。現代は、むしろ逆に第二次的機能の分散の時代であり、第三次的機能の集中の時代なのである。

三　人口の爆発的な増加と加速度的都市化

メトロポリス・エクメノポリス・メガロポリス

この地球上に人類が住みはじめてから、おそらく数〔百〕万年になるだろう。紀元一世紀のころの世界の人口は一億九〇〇〇万と推定されている(第4図参照)。そうして一二

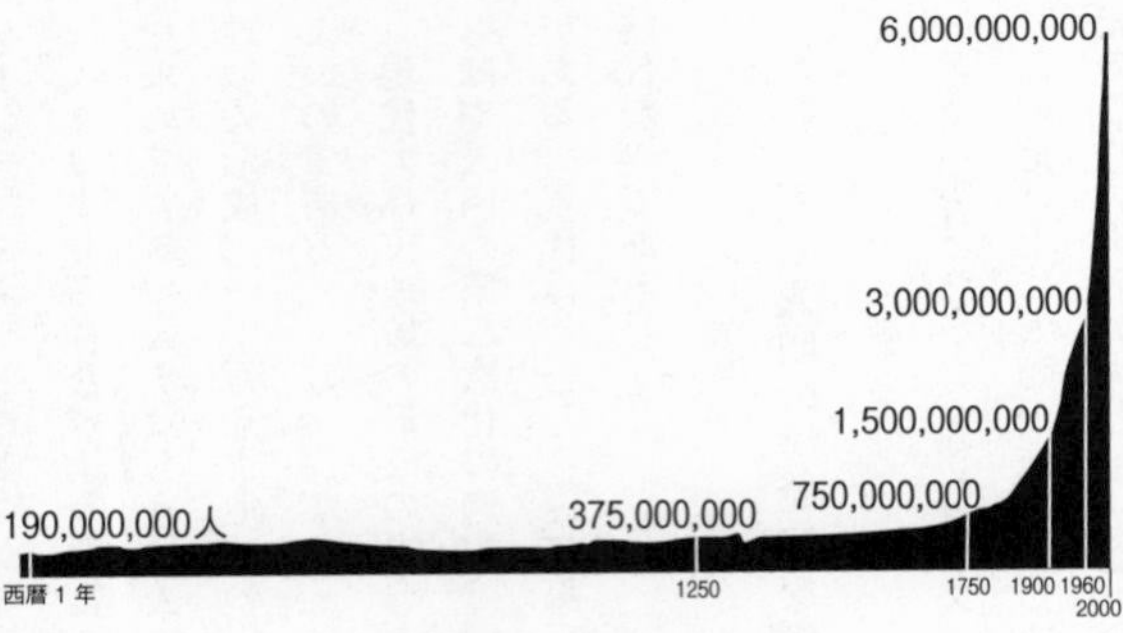

第４図　世界人口の成長

五〇年、人口は三億七五〇〇万と倍増した。その間徐々にではあったが、シティとよばれる都市地域が形成されはじめていた。それから五〇〇年、一七五〇年で人口はその倍の七億五〇〇〇万に膨張した。

一八世紀の中葉いらい、世界の人口の伸びは急速になってきた。文明の進歩と経済の発展が人口の増加をうながすのである。そうして人口はわずか一五〇年のあいだに倍増し、今世紀初頭の一九〇〇年に一五億となった。しかしさらに急激に僅か六〇年で倍増し、現在一九六〇年度で、三〇億となった。世界の人口学者はこれを、人口爆発とよんでいる。しかしさらに驚くべきことは、あと四〇年の今世紀末に、人口は倍増して、六〇億を越すだろうと推定されていることである。この人口の爆発的増加はまさに驚異的であるというほかはない。

一九世紀のはじめロンドンの人口はようやく一〇〇万をこえた。もっとも早く産業革命を経験したイギリスは、一九世紀中葉には、すでに四八％の第二次産業人口を擁するまでに急速な工業化をなしとげていた。こうした工業化の過程でロンドンの人口は一九世紀中葉には三〇〇万に膨張していたのである。これらの工業人口の都市集中が一九世紀的都市問題——スラム街の発生、すすでよごれた空気、廃液で濁った水、そうした労働環境の悪化、貨物交通の停滞、水不足などなど——をひきおこした。すでに過大都市が論じられた。

ロバート・オーエンなどの自然主義的社会思想家たちは、田園に還ること、農業に帰ることに人間の幸を見出そうとしていた。一九世紀末に、エベネチェル・ハワードの田園都市思想が生れ、ロンドンへの人口集中の防波堤として、工業と農業との調和のとれた都市を衛星のように配置することが提案され、それが実行に移された。こうした動きは、まさに一九世紀イギリスの工業化のさなかであった。

それから一世紀たった今日、イギリスの第二次産業人口率は四八％を前後してきたが、第三次産業人口率は三〇％から四六％にふえ、第一次産業人口率は二二％から五％に減少した。さらに第二次産業内部における第三次的人口の成長を加えると、人口の第三次化率は四六%をさらに、はるかに上廻るであろう。こうした人口の第三次化の過程で、ロンドンの人口集団は九〇〇万へと巨大化していった。これは、現代的巨大都市形成の主導力は工業でなく、第三次的機能であることを象徴的にものがたっている。

しかし、二〇世紀初頭においてさえ、一〇〇万をこえる都市地域はまだ十指を数えるにすぎなかった。しかし一九六〇年の今日、一三三の都市地域が、すでに一〇〇万をこえる人口集団をかかえるようになったのである。そうして一〇〇〇万あるいはそれに近い人口を擁する巨大都市地域がすでに、東京、ニューヨーク、ロンドン、パリ、モスクワ、上海、カルカッタと世界のそこかしこに現われはじめたのである。このような大都市地域をメトロポリスとよんでいる。核都市と、その影響圏ないし勢力圏を——行政区分的にはいくつかの市町村、あるいは府県にまたがろうとも——一つの統一体として理解しようとする地域概念である。

日本で首都圏といい近畿圏というのは、こうしたメトロポリス的理解であるといってよい。一九世紀後半から二〇世紀前半はこうしたメトロポリスが、人間生存の支配的環境になった時代であるということができるだろう。

こうした都市化の傾向は、将来どのように発展するだろうか。現在一九六〇年、世界の都市人口は、三〇億人口の四分の一程度、ほぼ七億と推定されている。総人口が六〇億をこえる今世紀末にはどうなるだろうか。世界の学者たちはいろいろと推計をこころみているが、ほぼ二五億から三〇億の都市人口をもつものと推定されている。ここ四〇年間に、都市は四倍にふくれあがることになる。

このような状勢にたいして、メトロポリス的理解で対応しうるであろうか。あるいはすでにその限界がみえはじめてはいないだろうか。その一つのきざしは、アメリカの大西洋岸に、みえはじめているといってよい。北はボストンからニューヨークを経て、南はフィラデルフィヤ、バルティモア、ワシントンにいたるほぼ五〇〇キロにわたる地域である。それぞれは、独立のメトロポリタン・エリアをもっていて、独立に地域開発計画、都市計画をたてている。しかし現実はそれが相互に連関しはじめ、それぞれの独立性よりも、相互関連がより重要になってきた。地理学者のジャン・ゴットマンは一九六一年に『メガロポリス』という著書をまとめた。ここで、この人口三八〇〇万を擁する一帯の都市地域を半ば批判的に、メガロポリスとよんだ。しかしその後、このメガロポリスということばは、むしろ積極的に――巨帯都市あるいは巨大都市連合とでもいおうか——こうした地域を一つの有機体として理解するための新しい概念であると、多くの人たちに理解されるようになってきたのである。

ロックフェラー・ニューヨーク州知事のもとでまとめられた紀元二〇〇〇年にいたる長期展望のレポートを私は、最近うけとったが、それによると、この大西洋岸メガロポリスは、紀元二〇〇〇年には人口ほぼ八〇〇〇万を擁することになると予想されている。一千万人口のメトロポリスの段階をおえて、一億の人口集団、メガロポリスの段階が近づいているようである。

ギリシアの都市計画家ドクシアディスは、都市化のもう一つの型としてエクメノポリスを提唱している。世界の人口の爆発的増加に対応して、人類は住めるところはすべて都市化してゆくだろう。そうして住めそうなところにネット状の交通体系をつくりあげ、面状の都市地域をつくってゆく、そのネットの節のところはローカルなセンターとなるだろう、といった考えかたであり、分散型都市配置の一つのタイプとみてよいだろう。

ここで三つの型にふれてきた。メトロポリス、エクメノポリス、メガロポリスである。これらはそれぞれ歴史的にその対応を見出すばかりでなく、この三つの型は、現実の都市化の傾向のなかに働いている三つの力のパターンを示すものでもあるともいえよう。

メトロポリス＝求心化、エクメノポリス＝分散化、メガロポリス＝連帯化といった三つの力として理解してよいだろう。これらの力は、それぞれの地域の特性に応じて、あるいは強く、あるいは弱く働くことになるだろう。

日本の人口とその都市化の傾向

日本の人口増加は、世界的規模で問題になったほど爆発的ではない。ここ数年来、増加率は一％を割っている。これは西欧諸国に近い値であり、世界でもっとも人口の増えない地域となるだろう。そうして、多くの人口増加は、アジア・アフリカ地域における、また南北アメリカにおける、二％をこえる高い成長率によってもたらされることになるだろう。しかし日本は、ヨーロッパとは異なった都市化の傾向を示そうとしている。それは日本における農村人口率がいまなお、かなり高い、ということからきている。

現在一九六〇年、日本人口は九三〇〇万であるが、そのうち集中地区人口＝都市人口はまだ四〇〇〇万程度であって、五三〇〇万の人口は農村部に住んでいる。うち三〇〇〇万が農業人口であり、残りの二〇〇〇万余はその農業人口に附随した第二次、第三次的人口であるとみてよい。

日本農業の近代化の過程で——農業人口の老年化など——いくたの社会的歪みをともなうであろうが、究極のところ、農業人口の減少は不可避の現実であろう。あるひとは一九八〇年には七%になるのではないかとさえいっている。おそらく今世紀〔二〇世紀〕末には七%を割るだろう。

今世紀末の日本人口は、人口問題研究所推定で一億二〇〇〇万、国連推定で一億五〇〇〇万となっている。人口問題研究所の推定は、人口増加率が極小になった状態での推定であるから、将来、生活水準の向上にともなって、この増加率の上昇も予想され、おそらく今世紀末人口はこの二つの推定の中間のいずこかに落ちつくことになるだろう。

そのうち農業人口はその七%の一〇〇〇万程度になることが予想され、またそれに附随する農村部人口もおそらく一〇〇〇万程度まで減少するとみれば、農村人口は合計二〇〇〇万ということになる。都市人口は一億から一億三〇〇〇万のあいだにくるものと想定される。とすれば、これは現在の四〇〇〇万の約三倍であり、世界的な都市化の加速度とほぼテンポがあうことになるかもしれない。

この一億ないし一億三〇〇〇万の都市人口がどういうパターンを示して日本列島に配置されるだろうか、ということは大いに興味ある問題である。

四　日本列島の将来像

私の仮説的前提

日本列島の将来像に接近するために、私は私なりの前提をたてておきたいと思う。それはまた、今まで述べてきたことの要約ともなるだろう。

その一つは、日本列島はいま未曽有の大きさと速さで、その構造変化をはじめた、という認識である。あるいは日本開闢神話の創世の状態にも比べられるほどの、大きな流動状態かもしれない。あるいは卵が孵化する過程のはげしい細胞の代謝と流動にも比べられるかもしれない。

人口は激しく流動し、今世紀末には現在の四倍の都市地域を形成しようとしている。このためのフィジカルな環境の開発と再開発のための建設資本の投入は、ダイナミックな様相を呈しはじめた。ここ三、四十年間に予想される建設のエネルギーは、五〇〇兆円から一〇〇〇兆円にも達し、それは日本開闢以来の総投資の数十倍にもなるだろう。

こういう現実を正視すること。しかも、こうした構造変化を、日本国民の主体的な意志とエネルギーによって建設的にとらえてゆくという認識をもつこと。

そこから、将来像を静態的に固定したものとしては考えない、ということが、導き出されてくる。将来像は、つねに、動態過程のなかで、均衡をたもたせるという立場で描かれることになる。

それだけに、過大とか過密とかまた格差といった歪みについて、それを重視する立場をとる。しかし、成長ざかりの少年の洋服が、はち切れそうになったからといって、少年を過大とか成長が速すぎるとは言わない。洋服を改造なり新調すべきだと考えるが、しかし、それが間に合わなくて洋服がはち切れたとしても、少年は多少の圧迫を感じるだろうが、その旺盛な生命の均衡をたもつには異状はないと考える。

毎年新調する力がないあいだは、三年に一回の新調でもかまわない。その三年のあいだ成長をとめるような方策を講じたりもしない。しかし、新調ができなかったからといって、——ちょうどわずかなオリンピック道路の完成によって、東京の道路麻痺のことを全く忘れてしまうような——オポチュニストではない。いつでも次の洋服について思いをめぐらす、という立場をとる。

間違って体がむくんでくる場合もあるだろう。そうして洋服が窮屈になったとすれば、体の方が過大であるといってもよいだろうと思う。そのときは、体のむくみをとることを考えるべきだと思う。しかし、これが正しい成長であるか、間違ったむくみであるかの判断はそうたやすいものではない。多くの場合彼が少年であるか、青年であるのか、老年であるのかによって判断されるものである。このような文明史的な位置づけが、まず大切である。そうして私は、日本を代謝のはげしい少年期と位置づけたいと思っている。あるいは、それ以前の孵化の状態と見なすべきかとも思っている。であるから、はげしい細胞分裂や新陳代謝と、それによって起される流動が、大局的には正しい成長の方向を示していると考えている。頭ごなしに、お前たちが東京に集まってくるのは間違っている、といった高ぶった考えをもとうとは思わない。だからといって、自由放任が、もっとも正しい成長の方向を示すものとも考えない。そこで、第二の前提を持ち出すことになる。

日本列島の究極像を描くことは不可能であり、無意味ではあるが、しかし日本列島はその有機体構成を高度化する方向に進む、と考える。それには、まず地域、地区、地点――そこに存在している組織、そうしてそれが演じている機能を意味している――相互間の連結――エネルギー的と情報的双方の連結――をもっとも円滑に、もっとも迅速に行うという均衡条件を満たすことが、有機体生命維持の前提条件となるだろう。しかし私は、現代の日本列島がおかれている文明的状況を、その制御機構の創世期だと考えているので、情報的連結を、より重視するという立場をとっていることも、また当然だといえよう。

この制御機構は、いわゆる管理中枢機能といった狭い領域のエリート組織を意味しているのではない。より多くの人々の頭脳的創造力が開放されてゆくという人類進化の方向のなかで、それらの頭脳が、相互に弾力的に、情報的に連結されて、日本の文明を推進し、文化を創造してゆく、という壮大な制御機構を、私はいま頭にえがいている。こうした機構の空間的表現を、私は、現代的意味における都市とよびたいと思う。そこには自由があり、多様性があり、変化があり、動きがある。そうして無限の選択の可能性がある。

現実の政策

この二つの仮説的前提にたって私はまず現在とられている政策を見ておきたい。

その一つの型は、首都圏、近畿圏といったメトロポリス的構想である。おそらく早晩、中京圏も問題になるだろう。これを日本列島の細長い形にあてはめてみると、以上の三圏以外の地域は、北海道、東北、北陸、中国、四国、九州と輪切りに分断された形になってしまう。それは日本を一つの有機体として考えようとする立場からみれば、好ましいものとはいえない。これらはその成立の条件のなかに勢力圏的な縄張り意識がある点を考えあわせるならば、なおさら不適当といわなければならないだろう。それぞれの内部を見ると、そこにはエクメノポリス的な思想が支配的である。中心に一〇〇〇万級の都市をおいて、それに五〇万なり一〇〇万程度の衛星都市――当初は数万の人口の衛星都市が考えられていた――が、エクメノポリス的に配置されるという形をとっている。しかし、その配置はあくまで求心的であって、中心都市の衛星としてしか存在しないものである。この求心的配置は、衛星都市と中心都市、さらに衛星都市相互の情報的連結をなりたたせるにあたって、ダイヤモンド・カットにも似た錯綜したシステムを必要とし、原始的有機体の神経系にしか現われることのないものであって、高度の情報的連結を不可能にするものである。そういう意味で、メトロポリス・エクメノポリス・コンプレックスともよびうる首都圏、近畿圏構想は、国土の高度な有機体化を阻止する方向にあると言ってよい。

一方、新産都市という政策がある。これは以上の三圏はすでに過密であるから、その外部に新しく工業都市を建設しようという思想である。日本の比較的、後進地域にエクメノポリス的都市配置を創り出そうとする思想であるといってよい。しかし、それだけでは成熟の条件が稀薄であるために、基幹都市構想がうち出された。それは前述三圏以外の地域の中心に管理機能をもった都市を育成して、小規模ではあるが、メトロポリス的構造をつくりあげ、その傘下に、新産都市などをも従わせようとするものである。そのような意味では、これもエクメノポリス・メトロポリス・コンプレックスといいうるだろう。究極的には日本九分割あるいは七分割という広域行政的、メトロポリス的形態が構想されているとみてよいが(第5図参照)、これら現在とられている政策的構想は、日本国土の有機体構成の高度化に向かう発展過程にたいし、いささか逆行しているように思われる。

東海道メガロポリスの形成

しかし現実は、東京、名古屋、大阪にかけた東海道ぞいの地域に向かって、人口と資本は地すべり的に流動をはじめている。現在、都市人口四〇〇〇万人のうち、その七〇

第５図　メトロポリス－エクメノポリス的に理解された日本列島

%の二八〇〇万人が、この東海道ぞいに住んでいる。しかし、今世紀末、日本の都市人口が一億あるいは一・三億になった状態で、この配分はどうなるだろうか。私は、後進地域の農業人口の減少は、後進地域における都市成立の条件をますます稀薄にしてゆくものと考えている。そうして都市人口の八〇%以上が、この東海道ぞいに移動するだろうと考えている。八〇〇〇万から一億の都市人口をようする地帯が形成されるだろう。

この巨大な人口が東京、名古屋、大阪のあいだのどこに向かって流動をはじめるであろうか。首都圏と近畿圏とが、現在のような競争的立場にたつとすれば、まぎれもなく、この重心は首都圏に向かうだろう。そうして東京を中心とした衛星都市群のハイアラーキが形成されるだろう。そうして、その量は、六〇〇〇万とか七〇〇〇万といった巨大メトロポリスを形成してゆくだろう。

しかしそのとき、その求心構造のために、中心都市である東京にかかる重圧は、ますますはげしくなるだろう。そのとき、東京の内部をいかに構造改革したとしても、この重圧にたえることは困難をきわめるであろう。

私はかつて「東京計画―1960」とよんだ構造改革の提案をしたことがある。それは東京の内部構造を閉ざされた求心型の現状から、線型の発展可能な開かれたパターンに変革してゆくこと、つまり、現在の都心を、線型に都市軸として発展させることを提案したものであった。

そうして一つのモデルとして、都市軸を現在の都心から発して、東京湾上に展開させていく姿を示した。この思想は、すでに、東京の外部、つまり関東平野に、東京を中心とした衛星都市群の求心的ハイアラーキを否定する思想を内在させていたのである。つまり、内部がいくら線型、発展型、開放型になったとしても、ひとまわり大きいところで求心型構造で閉ざされてしまうかぎり、その意味を失わざるを得ないからである。

しかし私は、首都圏と近畿圏という政策的区分をこえ、その競争的意識をのりこえて、現実は、東京―名古屋―大阪の相互の連結を一層強固にしつつある、という側面を示しはじめたと見たい。そうして私は、日本国土の高度有機体化に向かう方向として、この連結の強化を重視したいと思うし、政策をその方向に変換してゆくことを希望したいと考えている。

名神高速道路の完成は、名古屋と大阪との連結を強めることに大きな貢献をしたことは、誰もが否定しえまい。近い将来、東名・中央道の建設はさらに、それらと東京とを、強く連結することになるだろう。現在の名神は二車線であるので、上り下り各一日三万台の容量をもっている。東名が完成した暁には、三車線として、四万から五万台の容量であり、一台あたり平均二人を運ぶとすれば、ほぼ一〇万に近い人口を上り下り双方向にフィード・バックさせる能力ができることになる。トラック輸送で差引かれる分は、バス輸送で補強されるだろうから、ほぼ、以上のような人口が、情報的な連結を行うようになるだろう。

東海道新幹線の完成は、こうした意味ではさらに画期的であったといってよい。旧東海道線は現在上り下りそれぞれ一五〇回のダイヤを編成している。容量一列車一〇〇〇人とすれば、一五万人が上下にそれぞれ流動しているわけである。新幹線は現在三〇回のダイヤを組んでいるが、今年一九六五年の一〇月には五〇回、おそらく数年のうちに、一〇〇回に達するだろう。それは一〇万人を上下に流動させる能力をもつことになる。東名道路が完成するころ、あと五年もたたないうちに、合計三〇万人が、それぞれ上下に流動することになる計算である。

しかも、自動車にして五時間から六時間、新幹線では現在四時間――このままの設備で数年後には二時間半――で東京―大阪間を連結するのである。このスピードと容量は、将来さらにますます発展してゆくにちがいない。

こうした大量かつ高速の人間の交流は、つまり情報的連結がますます緊密になったことを示すものであり、こうした状況を考えるとき、東海道メガロポリスは、すでに一日行動圏内に入った一つの都市地域と考えてよいだろう。

こういうふうに考えると、さらにおしすすめて、日本全体を一つの都市地域と考えることもできるだろう。しかし私は、大量の人口の交流が、日々の行動圏内で行われる地域を一つのまとまりと考えたいので、一応、東京―大阪間を一つの巨帯都市あるいは東海道メガロポリスとよんでおきたい。そうしてその有機的統一を強調したいと思う。しかし、かといって、それを狭く東海道沿線だけとは考えようと思っていない。

第6図は、こうした考えを模型的にしめしたものであって、水戸―東京―(東海道)―名古屋―奈良―京都―大阪―徳島を結ぶ一つの流れと、もう一つは、宇都宮―東京―(中央道)―名古屋―(名神道)―京都―大阪―岡山と流れる二つの力線が、東京と名古屋と大阪で接するといった一帯の地域を念頭においてよかろうと思う。

第5図〔一九五頁〕のメトロポリス的に理解された日本のすがたとは、その力線の方向に大きなちがいがあらわれることになるだろう。つまり求心的な方向にたいして、連帯化の方向であるとみてよい。この場合、東京、名古屋、大阪という中心が解消するとい

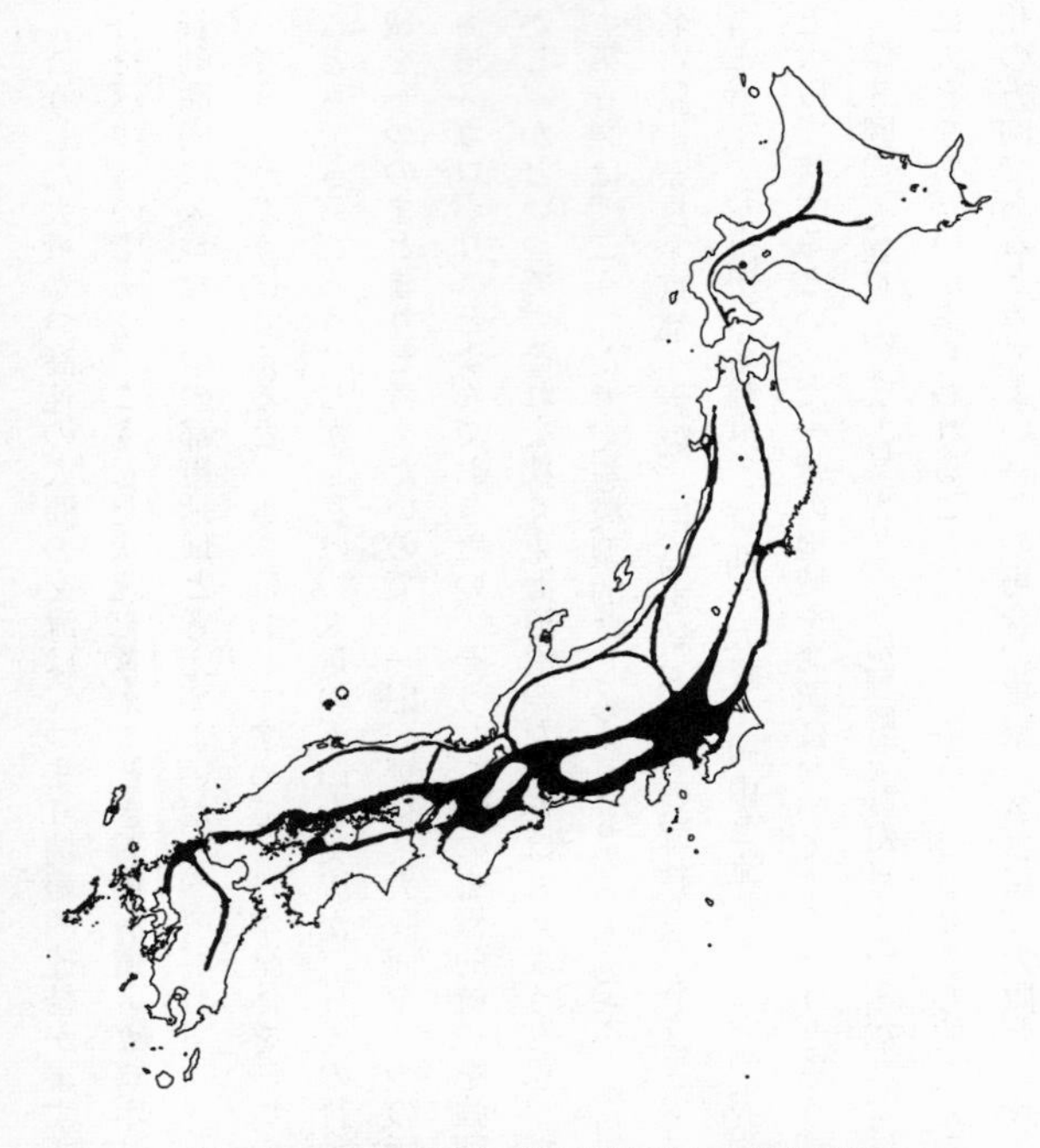

第６図　メガロポリス的に理解された日本列島

うことではないが、その独立性よりも、それら相互の関連性がより重要性をおびてくる。この東海道メガロポリスは東京、名古屋、大阪という三つの中心をふくんだ――もちろん、さらに規模の小さいいくつかの中心をつらねることになるが――一つの総合体、一つの有機体である、ということが重要な点である。

この東海道メガロポリスは日本の中枢神経系とみたてることもできるだろう。そこから東北、北海道に、北陸に、そうして中国と四国、九州に向かって、それぞれ手足を伸ばした形として、日本列島の構造をみたててよいだろう。

この東海道メガロポリスは、太平洋沿岸ぞいに製造工業の立地適地を求めようとする太平洋ベルト構想とも、その思想において全く別のものである。ベルト構想では、神経中枢と手足との機能分化についての認識に欠けているという点においてである。

現在、これに関連した問題として、その頭脳的役割を果たすべき首都をどこに置くべきかの問題があると思う。結論的に私の意見をいえば、東海道メガロポリスの内部であれば、どこでもよくはないかと思っている。東京湾上に出すのもよかろう。富士山麓に置いて、東海、中央の二つの力線を結ぶ新しい都市を考えるのもよい。あるいは京都と奈良を結ぶあたりに適地を求めるのもよかろう。琵琶湖に新しい都市を建設することも不可能ではないだろう。経済的頭脳としての東京と、政治的頭脳としての新首都がかりに分離しても、これらと、東海道メガロポリスとの有機的連結が緊密であるかぎり、将来の日本の創造的活動にとって支障はないと考えている。

五　おわりに

その開発のヴィジョン

東海道メガロポリス形成の必然性とともに、それが、日本列島の有機体構成を高度化する方向であることを、私はみてきた。この長期的な展望にしたがって、短期―長期のフィード・バックをくりかえしながら、日本は、自らの進路を探し求めてゆかねばならないと思う。それらの究極像を具体的にえがくことは不可能ではあろうが、これだけのことはやっておくのがよい、というような問題点をいくつか取出してみることはできるだろう。

一、東海道と、やや副次的になるが中央道に、大動脈を建設する。日本は、今世紀末までに五〇〇兆円から、一一〇〇兆円の建設投資が予想されるといったが、かりに六〇

○兆円位を考えて、そのうち東海道メガロポリスに五〇〇兆円の建設投資(公・私合計で土地買収費を含まない)が予想されるとしよう。そうすると、そのうち一〇〇兆円の公共投資は、こうした交通・コミュニケーション施設に投資されるだろう。その重点をこの大動脈の建設におくのがよい。幅にして三〇〇メートルから五〇〇メートルの帯状の土地を将来おこりうるあらゆる交通技術の変化に対応でき、また交通・コミュニケーションの需要の増大を満足させうるように、確保すること。

二、こうした大動脈と連結する都市内交通体系のパターンを再組織してゆくこと。現在までのすべての交通パターンは、求心型ハイアラーキを基本にしてできており、また建設されていたために、大規模な組織替えが必要になってくる。一例をあげれば、私たちが「東京計画―1960」で提案したように、都市の構造を、求心型から、線型・発展型に構造改革するような大きな構想をもって臨むこと、五〇兆円の公共投資を、東海道メガロポリスを構成する都市の再開発と新都市の開発の骨組づくりに用いることができるだろう。

前記一、二、の実行にあたっては、当然、土地問題がからまってくるだろう。しかし、土地制度は当然変革されるものと考えられる。それは道徳論としてではなく、投資の増大と、投資単位の巨大化は、経済的な必然性をもって、土地制度を変革してゆくものである。アメリカがここ五、六年来、再開発事業を円滑にしているのは、そのきざしの一端がみえはじめたものとみてよい。

三、一方、人間生活に必要な施設――当然前の道路なども、動く生活に必要な施設であるが、それを除いた一般の建築的な施設と、その機能を念頭において――執務施設、リクリエーション施設、住居施設とこれらの配置は、ますますコンパクトになるものと考えられる。それは都市性（アーバニティ）――多様性、混在性、相互の弾力的接触と、その接触の選択など――にたいする機能的、心理的要求がますますつよくなるだろうと思われること、技術的に、経済的にそれを可能にすることが将来容易になるだろうということ、しかも、密集形態の一つの欠陥である公害については、公害の発生源が、それを阻止する方向に行かざるをえなくなるということ、そうして次には、都市が無秩序に自然を侵蝕してゆくことは、好ましくなく、週二回、あるいは三回の休日を楽しもうとする将来の市民の立場からは、自然の保護がつよく主張されるようになるだろうということ、などからきている判断であり、必然性であるかと思う。ウイーク・エンド・ハウスの分散化・自然化ということはおこりえようが、日常生活の営みは、よりコンパクトな都市的環境が営まれるようになるだろう。

まず一〇〇兆円の住宅投資が行われるであろう。公・私それぞれ半分ずつと考えてよかろう。これは現在、日本の住宅総資産評価額が五兆円にみたないことを考えあわせれば、大きな進歩となるだろう。その他のオフィスビル、工場、文化厚生施設などの建設に二〇〇兆円が投ぜられよう。そうして五〇兆円の公共投資が、各種の公益施設を充実してゆくであろう。

四、個々の建築的施設を木の葉にたとえるならば、交通・コミュニケーション施設は、幹にも譬えられるだろう。こうした幹を**インフラ・ストラクチャー**とよび、葉に相当するものを**エレメント・ストラクチャー**とよぶことにしよう。

かつて中世までは、道と家しかなかった。道に面して家が並んでいた。鉄道ができたとき、鉄道に面して家を建てることは、愚かであることを知った。そうして駅をつくった。駅と建築群との新しい関係ができた。しかし、道の上を自動車が走るようになっても、人々は、その不自然さに気づかなかった。パーキングがないと道路と建築の連結は維持されないことを知るには、ずいぶん時間がかかった。高速道路ができたとき、はじめて、道路に沿って家を建てることが不可能であることを知った。ようやく高速道路

——緩速道路——パーキング——建築という序列が必要であることに気づきはじめた。一方、建築の内部にもパーキングが入りこみ、また公道が入りはじめたことに気づきはじめた。さらに大規模なビルでは、エレベーターは垂直の公道となった。そうすると、一つの建物の二〇階と、隣の建物の二〇階とを結ぶ道が必要になってきた。都市の公道はこうして次第に空中に立体格子状に発展するきざしがみえはじめた。空間都市が現実の問題として論じられるようになってきた。インフラ・ストラクチャーと、エレメント・ストラクチャーの全く新しい連結の方式が考え出され、実現されてゆくだろう。人間は土地に密着したがる傾向がある。しかし自然の土地はコンパクトに住もうとすれば、限りがあるし、また設備的にも自然の土地は現代的ではない。そこで人工都市の考えかたがでてきている。人工でつくられた起伏があり、変化のある土地を、インフラ・ストラクチャーとし、その上に人々はより密度高くエレメント・ストラクチャーを建設してゆく、という技術も開発されてゆくだろう。

五、こうしたインフラ・ストラクチャーとエレメント・ストラクチャーの新しい連結の仕方は、今後ますます開発され、都市と建築の形を急速に変貌させてゆくだろう。しかし、この動態過程の均衡を維持するシステムとメカニズムを研究し開発してゆくことも、一つの大きな目標となるだろう。

比較的にいえば、エレメント・ストラクチャーの新陳代謝と変化のサイクルは、ますます短くなるだろう。インフラ・ストラクチャーは比較的長期のサイクルで成長してゆくだろうが、ある時点で、構造の変革を必要とすることもある。こうした構造の変革と日々の代謝的変化とを、どのように均衡を維持しながら、連結してゆくかという、新しい建築と都市計画の思想と技術が必要になってきたといえるだろう。

六、このようにして、コンパクトな都市環境を建設するということは、自然を自然とし山野が美しい山野のままであること、海が美しい海であること、を維持することを可能にするだろう。そうして、日本の文化の歴史を保存してゆくことをも可能にするだろう。都市と自然との見さかいもない分散型都市化現象――現在の政策がそれを促進しているような――に一ときも早く終止符をうって、自然と歴史を救わなければならないのではなかろうか。

（初出『中央公論』一九六五年一月号）

万国博会場計画――企画から計画へ――

一　はじめに――経過報告

ＥＸＰＯ'70は、すでにオリンピック東京大会の直前一九六四年九月一日に通産省内に博覧会調査室が設けられてから、一九七〇年三月一五日の一般開会まで、足掛にして七年正味五年半の時間を経て、準備、調査、計画、設計そうして建設が進められてきたものであって、はじめの全く形もイメージもない状態から、今日見るような形が完成するまでの間には、多くの人々の智恵や、多くの組織の力が参加して、この大きなプロジェクトを推進してきたのである。

その経過は、一つにはビッグ・プロジェクト実現の一つの実例として、二つには調査から都市計画・都市設計そうして建築設計を経て実現に至った一貫した作業システムの実例として、記録に値するものだろう。しかし、私はごく限られた局面でしか、この厖大な機構に接してはいないので、かなりかたよった観測になるかとも思うが、一人の建築家としてえた経験をここに記録して、ご参考に供したいと思う。

すでに「総合計画」については山本康雄万国博協会建設部長が、また「調査から企画へ」は西山夘三教授がそれぞれ報告されているので、あるいは重複する個所もあるかとも思われるが、一応、準備から建設までの経過を以下のような段階に分けてみることができるかと思う。

第一段階——統一主題——人類の進歩と調和——の決定

一九六五年九月一四日パリーのＢＩＥ（博覧会国際事務局）理事会で一九七〇年の万国博を日本で開催することが決定されたが、それに先立って政府と大阪府とのあいだでは一九六四年末からすでにその準備がはじめられており、一九六五年の四月には千里丘陵の三五〇ヘクタールの土地がすでに選定されていた。そうして九月一日には日本万国博のテーマを決めるためのテーマ委員会が、茅誠司前東大総長を委員長とし、桑原武夫京大教授を副委員長として各界一八名の委員をもって発足した。私もその委員の一人としてテーマ決定に参画する機会をえた。会は精力的に重ねられ、一〇月二五日の第四回目の委員会で「人類の進歩と調和」がその統一主題として採択された。それと前後して一〇月一五日には「日本万国博覧会協会」が正式に発足し、その第一回理事会でこの統一主題は決定され、さらに一一月一七〔一六〕日のＢＩＥ理事会に報告された。

第二段階——基礎調査

万国博に対しては、その予備的準備段階いらい、これに関心をよせる建築家や、また他の専門家ばかりでなく一般市民の間で、その構想が論議され、検討されてきた。朝日新聞が万国博に関するアイディアの懸賞募集を行なったことなども、こうした万国博によせられた一般の関心と期待の一つのあらわれであったといえよう。

また建築界あるいは建築業界でも、いかにして来るべき万国博に協力し貢献すべきかについて真剣な論議が交わされはじめた。

また一方万国博協会は、万国博開催にとってもっとも基本的なデーターとして、入場者予測を野村総合研究所とスタンフォード研究所に依頼した。

このような状勢のなかで万国博協会は一九六五年一一月に西山夘三教授を中心とする

京都大学グループに委嘱して、万国博のありかたや、その方向を定めるための基礎になるような調査を開始した。

その内容とするところは、既設の万国博の資料の蒐集とヒヤリングを通じた万国博の機能と組織に関する調査、入場者および場内動線に関する基礎研究、出展および建築条件に関する調査、自然条件に関する調査、アプローチに関する調査、跡地利用に関する調査などを含み、さらに会場計画理念に関する検討をも含んだ大規模な作業であった。これが短時日のうちにまとめられ一九六六年二月六日に後にふれる会場計画委員会の席上で発表された。

第三段階——会場計画——マスター・プラン——

この基礎調査の打ち出した理念は、またテーマ委員会の求めた方向ともほぼ一致するものであった。こうした統一主題——人類の進歩と調和——の意味する基本理念と、それのフィジカルな表現を求めた基礎調査に基づいて、次に会場計画の作業が進められることとなった。

協会は一九六五年一二月二一日に、飯沼一省氏を委員長として、都市計画・建築・土木・造園その他の領域の専門家一五名の委員からなる会場計画委員会を発足させた。

その第一回の席上で、西山夘三教授と私とがその原案作成の担当者として指名された。私たちは、原案作成については協同の責任において行なうことを確認したうえで、京都と東京という場所的な問題などもあって、前半は基礎調査を担当された西山教授が主たる責任者となり、後半は私が主たる責任を負うという協力方式を前提として作業が始められることになった。計画にあたっては、私たちは以下のような方々の協力をえた。

指宿真智雄、磯崎新、泉眞也、上田篤、尾島俊雄、加藤邦男、川上秀光、川崎清、佐々木綱、末石富太郎、曽根幸一、中村一、山田学。

これらの作業はまず大阪―京都地区で一九六六年二月から開始され、四月六日第三回会場計画委員会が報告された第一次案(イメージ段階のプラン)つぎに五月二三日第四回会場計画委員会で報告された第二次案(パイロット・プランの段階のプラン)と発展していった。その間、京都と東京のスタッフは密接に連絡を保っていたが、とくに五月一日から三日にわたっては京都大原での合宿による全員の合同討議がもたれている。

六月初旬から東京に作業が引きつがれ、八月一五日から二〇日にいたる軽井沢での全員合同討議によって、第三次案の骨子が決定し、九月六日の第五回会場計画委員会に報告されほぼ基本的には了承されることとなった。そうしてさらに多少の修正がほどこされて、ほぼ最終的な案が一〇月一五日の第六回会場計画委員会に報告され全面的に了承された。

このような経過をたどって、マスター・プランはしだいに固まっていったが、すでに第一次案の段階から基本的な方向はほぼ固まっていたといってよい。すなわち、人間と人間との交歓の場としての「お祭り広場」そうして、人間と科学との進歩と調和を示す「人工頭脳」また人間と自然との間における進歩と調和を示すものとして自然の正しいサイクルの表現として人工湖とそれを利用した人工気候化などが、テーマのシンボリックな表現として考えられていた。

それらが次第に、外部的条件が固まってくるに従って、より具体化され、第三次案のころには、テーマの象徴的表現の場としてのシンボル・ゾーンと、そこから外周四つのゲートを結ぶ装置道路という基本的な構造が浮彫されてきた。それは会場全体を樹木にたとえれば、幹と枝に相当するものであり、出展パビリオンはそこに百花繚乱(リョウラン)と咲く花にたとえられるものであった。そうしてこの幹と枝を基幹施設と呼ぶようになった。

第四段階——基幹施設マスター・デザイン

一九六六年一二月万国博協会は、会場計画の最終案が決定されたあと、会場計画委員会を解消して、建築顧問制とし、伊藤滋氏をはじめとする四名の顧問が置かれることになった。そうして私が基幹施設プロデューサーとして働くこととなった。

各出展パビリオンはそれぞれ最大限の自由なデザインを選ぶべきであるが、その間に調和をもたらすものとして基幹施設のデザインは、統一的なデザインで進められる必要が確認され、どのような体制でそれが行なわれるべきかについて、協会内部はもとより、建築界で広く論議されることとなった。

そこには大きく分けて二つの考え方があった。

一つは、マスター・プランのグループがそのまま、基幹施設の三次元的マスター・デザインを行ない、そのあとそれを構成する各部分をそれぞれ別の建築家が分担して建築設計を進める、という方法。

二つは、将来、各部分の建築設計を担当することが予想される建築家で一つのグループをつくり、そのグループの共同設計でマスター・デザインを進めるという方法。

どちらにも一長一短があったが、結果的には第二の方法が採られることになり、建築顧問の推薦と私自身の推薦とで一二名の建築家が選ばれ、それが基幹施設グループをつくることとなった。

福田朝生、彦谷邦一、大高正人、菊竹清訓、神谷宏治、磯崎新、指宿真智雄、上田篤、川崎清、加藤邦男、曽根幸一、好川博。

私たちは一つの作業場所で共同の仕事を進める必要があったので、各事務所、各研究室から、それぞれ数名の協力者を送り込んでもらい、基幹施設全体のマスター・デザインの仕事を進めることとなり、その間、私と一二名の建築家が週に一回あるいは二回位集まってデザインをチェックしまたその進め方を討議した。このような作業を通して一九六七年の九月頃にほぼ基幹施設の構想はまとまったといってよい。

その間、基幹施設のマスター・デザインと会場のマスター・プランは相互にフィード・バックして、会場計画は間断なくエラボレートされていった。現在施工されている会場計画はこうしたフィード・バックによって、しだいに固まったものである。

またこの段階では、テーマ展示プロデューサー岡本太郎氏のグループ、そうして催物演出プロデューサー伊藤邦輔氏のグループとの横のコーディネーションが必要となってきた。

そこまでは、すべてのデザインは全員の協同の責任において行なわれていたが、ほぼ基幹施設のマスター・デザインが決定したあとは、それぞれの部分に分けて分担をきめ建築設計を進めてゆくことが必要であったが、その分担も、そのころになると、ほぼ言わず語らずのうちに、それぞれの適任者が決まり、別表〔二一八―二一九頁〕のような任務分担となった。

第五段階――建築デザイン

この段階は、一般の建築設計とかわりはないが、しかし、マスター・デザインを協同で行なったことからくる共通の意識によって、それぞれの部分が独走することをさけることができたように思う。しかしこの過程においてもやはり幾多のコーディネーションのむつかしさをそれぞれ感じたことだと思う。

このようにして建築デザインの段階から一九六八年の八月ごろから、順次建設の段階に入っていくことができた。これらについては別の報告で詳しく触れられることと思う。

以上の経過を一覧表にしたものを別表として掲げておきたい。

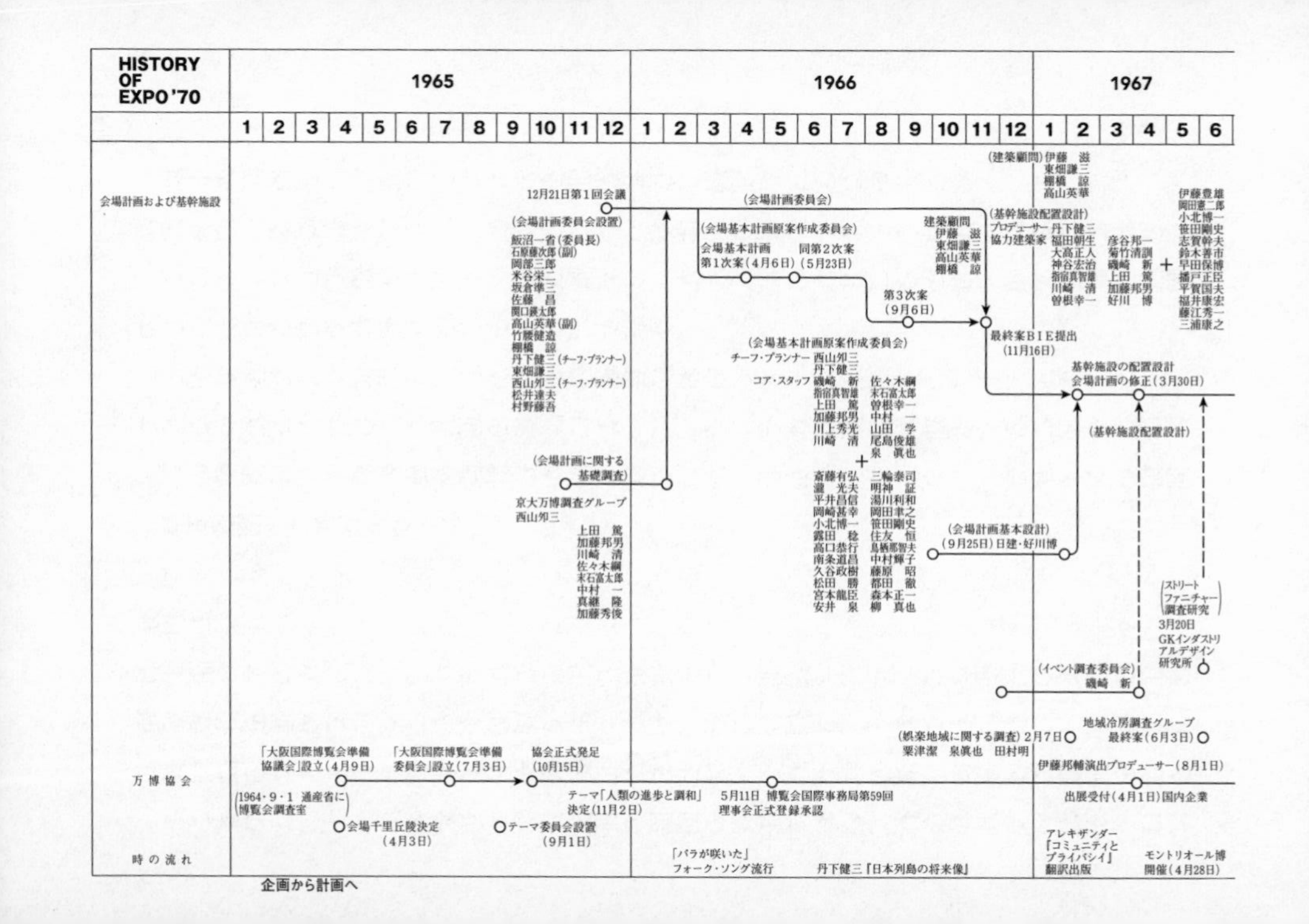
HISTORY OF EXPO'70
1965
1966
1967
1 2 3 4 5 6 7 8 9 10 11 12 1 2 3 4 5 6 7 8 9 10 11 12 1 2 3 4 5 6
会場計画および基幹施設
12月21日第1回会議
(会場計画委員会設置)
飯沼一省(委員長)
石原藤次郎(副)
岡部三郎
米谷栄二
坂倉準三
佐藤 昌
関口鍈太郎
高山英華(副)
竹腰健造
棚橋 諒
丹下健三(チーフ・プランナー)
東畑謙三
西山夘三(チーフ・プランナー)
松井達夫
村野藤吾
(会場計画に関する基礎調査)
京大万博調査グループ
西山夘三
上田 篤
加藤邦男
川崎 清
佐々木綱
末石富太郎
中村 一
真継 隆
加藤秀俊
(会場計画委員会)
(会場基本計画原案作成委員会)
会場基本計画 第1次案(4月6日)
同第2次案(5月23日)
第3次案(9月6日)
(会場基本計画原案作成委員会)
チーフ・プランナー 西山夘三 丹下健三
コア・スタッフ 磯崎 新 佐々木綱
指宿真智雄 末石富太郎
上田 篤 曽根幸一
加藤邦男 中村 一
川上秀光 山田 学
川崎 清 尾島俊雄
泉 眞也
+
斎藤有弘 三輪泰司
瀧 光夫 明神 証
平井昌信 湯川利和
岡崎甚幸 岡田準之
小北博一 笹田剛史
鐵田 稔 住友 恒
高口恭行 鳥栖那智夫
南条道昌 中村輝子
久谷政樹 藤原 昭
松田 勝 都田 徹
宮本龍臣 森本正一
安井 泉 柳 真也
建築顧問
伊藤 滋
東畑謙三
高山英華
棚橋 諒
最終案BIE提出(11月16日)
(会場計画基本設計)(9月25日)日建・好川博
(建築顧問)伊藤 滋
東畑謙三
棚橋 諒
高山英華
(基幹施設配置設計)
プロデューサー 丹下健三
協力建築家 福田朝生 彦谷邦一
大高正人 菊竹清訓
神谷宏治 磯崎 新
指宿真智雄 上田 篤
川崎 清 加藤邦男
曽根幸一 好川 博
+
伊藤豊雄
岡田憲二郎
小北博一
笹田剛史
志賀幹夫
鈴木喜市
早田保博
播戸正臣
平賀国夫
福井康宏
藤江秀一
三浦康之
基幹施設の配置設計
会場計画の修正(3月30日)
(基幹施設配置設計)
(ストリート ファニチャー 調査研究)
3月20日
GKインダストリアルデザイン研究所
(イベント調査委員会)
磯崎 新
地域冷房調査グループ
最終案(6月3日)
(娯楽地域に関する調査)2月7日
粟津潔 泉眞也 田村明
万博協会
「大阪国際博覧会準備協議会」設立(4月9日)
「大阪国際博覧会準備委員会」設立(7月3日)
協会正式発足(10月15日)
テーマ「人類の進歩と調和」決定(11月2日)
5月11日 博覧会国際事務局第59回理事会正式登録承認
伊藤邦輔演出プロデューサー(8月1日)
出展受付(4月1日)国内企業
(1964・9・1 通産省に博覧会調査室)
会場千里丘陵決定(4月3日)
テーマ委員会設置(9月1日)
時の流れ
「バラが咲いた」フォーク・ソング流行
丹下健三『日本列島の将来像』
アレキザンダー『コミュニティとプライバシイ』翻訳出版
モントリオール博開催(4月28日)

企画から計画へ

1967　1968　1969　1970

7 8 9 10 11 12 1 2 3 4 5 6 7 8 9 10 11 12 1 2 3 4 5 6 7 8 9 10 11 12 1 2 3

大屋根、デッキ、お祭り広場設計
△福田朝生○坪井善勝・井上宇市
△神谷宏治○平田定男・大滝　基
△上田　篤○川口　衛
二宮義夫　長島正充○宇野勝俊　奥保多聞　小北博一　近藤誠吉　中地正隆
斎藤公男○除　文良　田村郁夫○外村静夫　土岐　新○中東達男
名須川良平○中田勝男　平賀国夫　松田　隆　山本良介　柳沢年男
・木内俊明・五十嵐郁雄・中村安保・佐野武仁・柴野　努　神谷五郎
田端修　中島龍彦　明星鎮　高口恭行　北山幸一郎○須賀好富
着工　監理事務所スタート　(お祭り広場　監理共同企業体)　GGK共同企業体へ　大屋根リフトアップ(6月23日)　太陽の塔・表の顔取付

EXPOタワー設計
△菊竹清訓○松井源吾・大塚恵三　遠藤勝勧　日比龍美　安山宣之
着工

(7月3日)シンボルゾーンの基本構想発表

メインゲート設計
△大高正人○木村俊彦・大滝基　下山政明　野呂恒二　小松清・新井義昭
着工

お祭り広場諸装置設計
△磯崎新・山本康彦　藤江秀一　中森孝紘　月尾嘉男　森岡祐士　三浦紀之　磯崎祐次郎　沢良雄
着工

万博ホール設計
△指宿真智雄　滝光男　和田信彌○佐藤潤・明野原徳夫
着工　竣工

美術館設計
△川崎清○塩路寅夫・犬塚恵三・松田勝　山口重之　笹田剛史　加川忠臣
着工　竣工

サブ広場および装置道路設計
△曽根幸一△原　広司△宮脇　檀△栄久庵憲司・尾島俊雄
石井康治　奥島　治　大行　征　小川朝明　上住常喜
川上岩男　椎名英三　常光孝彦　中津原努　野口瑠璃
原田　昭　三井所清典　渡辺章互○山本正勝
着工

迎賓館設計
△彦谷邦一○平田定男　福井康宏　佐野敏明　松本直高　加藤博司　守屋豊仁　矢倉弘純
着工(12月15日)

サブゲート設計
△加藤邦男○若林実・岡田公憲・高橋平祐　高松武夫　番　斎　大谷孝彦　馬端栄一
着工(3月1日)

岡本太郎(7月7日)テーマ・プロデューサー
テーマ展示基本計画中間報告(12月16日)
太陽の塔設計
△吉川健○川股重也　佐久間照彌　植田昌吾　奈良利男
空中テーマ館設計
△黒川紀章○川口衛　阿部暢夫　清水正俊○中田勝男
国際写真展選考(5月17日)
現代芸術研究所
平野繁臣　小野友滋　千葉和彦　播野豊次郎　伊藤隆康
サブプロデューサー　小松左京　川添登　千葉和彦
ディレクター　黛敏郎　粟津潔　東宮伝　岡田晋
催し物プログラム提出(6月17日)

北大阪急行設立の免許申請
地域冷房計画実施(11月2日)
根津耕一郎本部ビルコンペ当選(10月14日)
美術展示懇談会(1月23日)
全体資金計画決定
第1回政府代表会議(5月27日)
第2回政府代表会議(11月12日)
協会千里移転(6月9日)

羽仁五郎『都市の論理』　NHK「コンピューター講座」　アポロ月へ到着

△設計者　○構造　・設備を表す　敬称略

691016

二 会場のマスタープラン

これらの経過にも現れているように、現在ここで報告する会場計画とその基幹施設は多方面のまた大勢の人々の考えや知恵が参加してできたものである。そのようにしてできたマスタープランの主眼は以下の二つの点に要約されると思う。

(A)会場におけるテーマの展開——進歩と調和——

それは第一にはその基本テーマ「人類の進歩と調和」をどのように会場に展開するかということにあった。ここで少しテーマの基本理念にふれて置きたいと思う。

その意味するところは広範な領域にわたっているが、その理念とするところは以下のように理解されよう。

「近代における科学と技術の進歩は人類の生活の各方面にわたって、人々がその前夜まで想像もしえなかったような大きな変革をもたらした……」

「しかしそこに生じる多くの問題は、なお解決されていない」

「このような今日の世界を直視しながらも、なお私たちは人類の未来の繁栄を開き得る知恵の存在を信じる」

「しかし知恵の光が……人間のあるところすべての場所にあまねく輝いているものであることを信じる」

「この多様な人類の知恵がもし有効に交流し刺激しあうならば、そこに高次の知恵が生まれ異なる伝統のあいだの理解と寛容によって全人類のより良い生活に向かっての調和的発展をもたらすことができるであろう」

「一九七〇年の日本万国博は……世界のすべての国民がそれぞれに発展させてきた英知とその成果を誇らかにここに持ち寄られることを期待する。そこに人類協和のよろこばしい一つの広場が出現するであろう」

会場計画の第一の主眼はこうしたテーマのもつ理念をどのように会場のなかに形や空間として展開するかということにあった。日本万国博はあらゆる地域の人類が伝統的に創造してきた多様な知恵や、現在発展させつつある文明の輝かしい成果をここに持ちより誇りあう展覧会(Exposition)であるだけでなく、ここで人間と人間が出会い手と手が触れあい心と心が共感をもりあげてゆくような感動的な世界の祭り(フェスティバル)でなければならない。そしてこの会場全体はその祭りを展開する人類協和の広場でなければならない。これが私たちの考えであった。

こうした理由から、このことをもっとも直接的に端的に示すものとしてお祭り広場を提案してそれを会場の中央に置くこととしたのである。

こうしたテーマを重要視する点では、ブラッセル博、モントリオール博のテーマ主義の伝統を受けついでいるといえるが、それを象徴的に「祭り」とみる立場はそれらの伝統とは多少異なっているといえる。この点について多少説明してみたい。

万博というものは産業革命後社会が工業化するに従って自国の技術的な、あるいは工業的な成果を展示し、それを世界に示そうとしたことが起りで、そういう意味からいうと、テクノロジーを誇らかに世界に示したのがエクスポジションで、それはテクノロジーをエクスポーズしたものであった。それがイギリスで起った万国博の起源であるが、その後もその基本的な考え方は変ることはなかった。第二次大戦後そういう単純な一方的な技術的進歩が果たして人間生活に貢献するのか、あるいは人間性に対して疎外的ではなかったのかというようないろいろな基本的疑問が出てきて、それに応えることが一つの万国博のテーマになってきた。そこで単に技術をエクスポーズするだけでなく、その技術と人間性というものの対立や、バランスや、調和というものをどういうふうに考えてゆくか、ということを考えるために万博にテーマが設定されるようになり、戦後ブラッセル博覧会以来テーマ主義がひきつがれているわけで、先のモントリオールも「人間とその環境、人間とその世界」というテーマが掲げられ、そこで人間と技術との間における問題点を万博を機会にお互いに考えてみようと試みられてきた。

ではこれからの情報化されていく社会の中での万博のあり方は果たしてどういうものかということが問題になってくる。そこで人間と技術という対立においてものを見たり、技術そのものをエクスポーズするということを考えたりするそういうことでなく、むしろもっと端的に人間と人間という関係をどう実現してゆくかという問題にまで溯ってみるべきではなかろうか。むしろ人間と人間が集まることによって、人間が自分の中にもっている知恵とか、技術とか、創造性とか、広くいえば文化というものをお互いにもちよって、人間と人間とが交流するような場として考えることが、情報化社会における万博のあり方であり、その中に万博の現代的な意義があるのではないかという考えが出てきた。そういう意味から万博というものをむしろエクスポジションというよりは、フェスティバル、祭りとして考えようとしてきたわけである。もちろんすべてが祭りということの中に解消してしまうわけにはいかないし、エクスポジションの要素はまだかなり残ってはいるが、しかし今度の万博では中心をフェスティバルということにおいて人間と人間との集まりであり、人間のエネルギーの交流であり、人間と人間の知恵と創造性の交歓である、そういう場所としての万博会場を考えたわけである。

それが私たちが、お祭り広場というものを中心に、そこに集まる人たちの自発的な参加、いわゆるパーティシペイションを求めながら、その中から出てくるいろいろなイベントをすべて万博の重要な、あるいはもっとも重要な要素として考えてゆこう、そういう考えがお祭り広場に表現されている。万博の会場構成は、そういった一つの基本的な考え方にもとづいたものであるといえよう。

お祭り広場のすぐ手前に「人類の進歩と調和」というテーマを展示するスペースがおかれているが、その展示のスペースとそのうしろのお祭り広場とを覆って大きなスペース・フレームによる屋根がかけられている。私たちはその大屋根の下に、世界は一つの屋根の下にといった希いをこめている。

これらのことを端的に言いかえると、工業社会での価値はハードなものにおかれていた。つまりフィジカルに具体的な形のあるものに価値がおかれていたといえるが、情報化社会ではよりソフトなものの価値が次第に高くなってきつつある。つまり、フィジカルには形のない知恵とか技術とか、創造性とか、人間の交歓とか、こうしたものが、より高い価値として考えられてきつつある。そういう時に万博もその記憶を具体的に目に見えるモニュメントとして残すということではなく、むしろ、万博会場における人間的体験そのものが、そこを訪れた観客にあとあとまでイメージとして残るような、そういう場をつくることが必要なことではないだろうか。そうした考えの象徴的な場としてお祭り広場があり、そこでのイベントと観客との対話がソフトな記憶として残されるようなものでありたいという希いがあったわけです。

会場は中央環状道路によって南北に分けられており、北の部分は主としてパビリオン地域、南部分は娯楽ゾーンと管理施設地域になっている。それに直交して南北に幅一五〇メートル、長さ一〇〇〇メートルの中央軸がありそれをシンボルゾーンと呼んでいるが、中央環状道路とシンボルゾーンの交点にメインゲートがあり、一番多くの観客の出入が行なわれるところとなっている。

さらに会場の東西南北に四つのサブゲートがあるが、シンボルゾーンとこれらの四つのゲートを結ぶ導線は会場の主要幹線となっている。これに沿って装置した動く歩道は人々の流れを円滑に快適にしており、さらにサブ広場を配置してその周囲に多彩なパビリオンが配置されている。こうした幹線は人々の流れる動脈であるばかりでなく、テーマの精神が伝わる神経系統でもあるといえよう。

そして幹線やサブ広場に沿って建つ数多くの多彩なパビリオンはそれぞれに基本的テーマの理念を多様に実現しているものと見られるであろう。

(B)会場における空間秩序——多様性と調和——

第一回の一八五一年のロンドン博では、クリスタルパレスという非常に大きなガラスの建物の中で大部分の展示が行なわれ、それはそれ自体でモニュメントとなるようなもので、会場全体に強い統一感が備わっていた。

しかし次第に出展国がそれぞれ独自のパビリオンを建てるようになり、やがてパビリオンが百花繚乱と咲き乱れるように立ちならぶ会場になってくると、それは秩序と調和を全く欠いた会場になる危険をもっていた。

しかしだからといって多様性をコントロールし、単調なものにすることは万国博の理念にも反することであるに違いない。

多様性の中にどのように調和を見出してゆくか、どのような空間的秩序を考えてゆけば良いだろうか、これが私たちにとって第二の主眼であった。

会場の中央環状道路から北側のパビリオン敷地はゆるいスリバチ状に土地が造成され、その底にあたる中央部に東西に長く人工湖が設けられている。その北側には日本政府出展の庭園がある。池の周辺に比較的小規模のパビリオンを、また外周部に至るにしたがって比較的大きなパビリオンを配して、地形の形状を強調するとともに人々の流動が中央の底部に集中しすぎることのないように配置が考慮されているが、これは地形の形状に応じた空間構成といえよう。

しかしここで私たちがもっとも深く考慮した点は以下のようなところであった。それはこの会場に一つのシステムと構造を与えたということだといえよう。

現代の情報化社会の一つの大きな特徴は、社会のシステム化ということであって、われわれの眼に見える生活環境を例にとって考えると、個々の物と物との間の関係をどうつけてゆくか、個々の建物と建物との間をそれぞれどう関係づけ、どう結び付けてゆくかということである。その意味で私自身はそういう作業なり、そういう考え方を構造的なアプローチ、いわゆる機能主義における機能的アプローチに対して、構造的なアプローチという言葉を使っている。

構造というのは建築でいう力学的な構造ばかりでなくて、社会組織的な意味での構造まで含めたものである。もちろん昔から都市というものを考えた場合、構造はあったわけで、道に沿って建物が建っており、その建物と建物を結び付けてゆく一つの構造として道路があった。しかし、そういった過去の一般的な道路ではだんだん処理できないような高度の結び付きを必要とするような都市の形態が考えられるようになってきている。工業社会の段階では個々の建築が、それぞれ個々の機能を最大限に充足するような形で個々に建てられていた。しかしその結果全体としての都市は非常に混乱し、秩序を失っていきさらに全体としての都市機能をだんだんマヒさせていった。それがまた一つの機能主義の限界でもあったが、その機能主義の限界を乗り越えるために個々の建物を考えるだけでなく、建物と建物の関係づけを考えていく、それを構造的なアプローチ、あるいは構造主義という言葉で私は呼んでいる。

万博会場の中央を南北につらぬいている軸があってそれをシンボルゾーンと呼んでいることはすでにのべた。ここは、メインゲートやテーマ・スペース、お祭り広場さらに劇場、美術館を含み、またその南には本部ビルが立ちそのさらに南の小高いところには展望台が立っている。この中央軸は万博の基本テーマを展開する場所としてのシンボルゾーンである。

この軸はまた多くの観客が流動する幹でもあるが、ここから東西南北の端に設けられたサブゲートを結ぶ道路には、動く歩道が装置されており、これが枝となって会場全体が一つの樹木のような構造をつくっている。そして各国や各企業のパビリオンは、それぞれ個性的な形や色をした花にたとえられる。

多様性のなかに調和と統一を求める一つのフィジカルな道具としてこのような幹と枝のような構造を採用し、これを私たちは基幹施設とよんでいる。

会場には半年で約五〇〇〇万人の人々が訪れ特に土、日は五〇万人を越える人々がやってくると予想している。その時は、ここはさながらに一つの生きた都市であるといえよう。

巨大なスペース・フレームにおおわれた広場を中核とするシンボルゾーン、そこから四つのサブゲートに向かって空中に浮ぶ装置道路が延びている――。それはまた、こうした未来都市に秩序と調和を与えるところのコアであり、基幹構造であるともいえよう。

三　基幹施設のマスター・デザイン

(A) 基幹施設の一般的性格

基幹施設は観客全体に対して、また出展者全体に対しても、一国に偏することなく、物的、精神的なサービスを提供するものであって、この意味においても樹木における幹や枝としての役割を果たしているものである。

具体的にいうと、基幹施設は、観客流動に対する基幹的な動脈であると同時に出展パビリオンに対して共通のフィジカルなサービスを提供しているところであり、この基幹施設に沿って配置されているＥＸＰＯサービスは観客全員に対してインフォーメイション、飲食、休息、手洗いなどの基本的サービスを提供している。

さらに基幹施設は、テーマがそれにそって展開されてゆく神経系にもたとえることができる。シンボルゾーンは、全体が基本テーマを展開する場であるが、装置道路に沿って建つ各国・各企業パビリオンは基本テーマを、それぞれの立場で表現してゆくであろう。

それに加えて基幹施設は、今まで述べてきたように、会場全域を組織づけ、秩序と調和をもたらすためのアーバン・デザインの手法的な道具でもある。

基幹施設はこのようなものとして会場計画の基本構想のなかで中心的な課題をになって生れてきたものである。

(B)シンボルゾーンの構成

旅客は大阪からの地下鉄と、大阪、京都方面からのバス、タクシーで入場者の約半数が、この中央口(メインゲート)から入ってくる。

メインゲートの南に南広場があり、ここには、各国の名店、有名飲食店を集めた名店街がある。またここから娯楽ゾーンへの入口が用意され、さらに団体バスのターミナルも接続されている。

南広場に接して段状に本部ビルが建っており、この本部ビルには直接場外から車でアプローチすることができる。

その本部ビルの東側の階段状の道を登っていくと、ランドマークと呼んでいる塔が立っている。ここには、装置道路で登っていくこともできる。この塔は会場の扇の要に位置していて、会場中最も高い地点に立っていて、しかも約一二〇メートルの高さがある。

この塔は観客が会場全域を見渡すための展望台としての役目をもつもので多少の喫茶の用意もある。と同時にこの塔は会場運営および管理上の監視塔や電波の発信受信などの機能をももっており、本部ビル付属の指令塔の役目も果たしている。

メインゲートから北に登ってゆくと、北の広場にでる。ここには、パビリオン・ゾーンの外周を運行しているモノレールの中央駅が接続している。さらに北に進むと、テーマ・スペースがあり、その中心には、テーマの象徴と考えられている「太陽の塔」が立っている。この空間は多数の観客がここから装置道路にのって東西南北へと分流してゆく交通広場でもある。さらに、その北に接してお祭り広場があり、その北端には人工湖が続いている。そして人工湖の対岸には劇場と美術館が立っており、その裏は庭園につながっている。

このシンボルゾーンは南端から北端まで約一キロメートルもあり、また、約一五〇メートルの幅をもっている。

シンボルゾーンのテーマ・スペースとお祭り広場には、スペースフレームの大屋根がかけられている。

この屋根と完全に空気調整されたチューブ状の装置道路とによって、観客は、雨の日も、強い日射の日も快適に流動することができる。

またこの屋根は、ランドマークの塔と同一のスペースフレームの構造の原理を持っていて相対峙している。

ここで、多少テーマ・スペースについて触れておこう。ここは、岡本太郎氏がプロデューサーとして、その展示内容を研究し、またデザインしているところである。

このテーマ・スペースはメインゲートからの観客が一度はここを通り抜ける場所に、むしろ選ばれているので、大量の観客が流動する空間、観客の往来が最もはげしい空間である。そのために人々の流れをスムースに処理しながらテーマ展示を行なうということが重要なポイントとなっている。

そこで、展示を大きく〈地上〉〈地下〉〈空中〉の三層に分け、展示空間を地下と空中にとり、地上を観客の流動のために開放するという考えをとっている。

しかし、〈地上〉〈地下〉〈空中〉は単に観衆の流動から機能的に構成されたものではなく、「進歩と調和」というテーマを全体において構造的に具象化しているものである。すなわち、〈地下〉は人類の過去であり、〈地上〉は現在であり、〈空中〉は未来である。過去はまた、人間の根源、生命の神秘、すべての文化を創造したエネルギーのもとであり、現在は、さまざまな矛盾・反発をくりかえしつつ、なお人間がつくり出していくダイナミックな「調和」、そして未来は、人間の進歩であり、分化した文明、技術が総合されていく新しい世界と考えている。そしてこの三層の中央には、過去、現在、未来をつらぬいて脈々と流れる人類の生命力、その流れと発展を象徴する「太陽の塔」が立っている。この塔によって、テーマ展示全体は統一され、完成される。

地上空間はメインゲートと「太陽の塔」の周りの空間、そうしてお祭り広場からなっている。地上はすでに述べたように、観客のはげしく流動する場所であるので、とくに複雑な展示は行なわれていない。

むしろ、そこに人々が集まっていること、動いていることが、重要な表現であり、世界の人々が自らを参加させながら、自らの体で地上空間を演出することが、現代のダイナミックなエネルギーの中にある調和をつくり出すのではないかと考えられているからである。そこでは、「太陽の塔」、「母の塔」、「青春の塔」が立っている以外、多少の写真展示が計画されているだけである。そしてまた、お祭り広場への観客の参加は、それ自身現代の生命力を謳いあげ、ダイナミックなエネルギーとともに交歓と調和を表現するものと期待されている。地上玄関はそこに参加する旅客とともに現代の人間をその生命力を表現しているといえよう。

地下空間の理念は、人間の〈根源〉である。根源とは、世界民族、国民の違いを越えた生命の根源であり、歴史文明の根源であり、精神、魂の根源をも意味している。地下空間にはその理念を具現するような展示が行なわれている。

また、空中展示空間の基本理念は、「人類の進歩と調和」を未来に探ろうとするものである。

ここでは未来空間がカプセルとなってスペース・フレームの中にプラグ・インされている。この空中テーマ部分については、川添登氏がサブ・プロデューサーとして企画立案が行なわれ、槇文彦、神谷宏治、黒川紀章氏らの参加をえ、さらに海外からも、未来都市についてのいくつかの提案を招待してつくられたものである。それは、さながらに未来の空中都市を暗示するものである。ともに広場にかけられた大屋根は、未来都市における広場にかかる屋根の提案ともなっている。

テーマ・スペースの北に接してお祭り広場がある。その周囲には太陽の塔を背にして、貴賓席、さらにそれをとり囲んで、固定席が設けられている。

また西面には観客のためのテラスと高所観覧席が設けられている。

また東面には、参加した国々の国旗をかかげるプラットフォームが用意されている。

お祭り広場は、平坦な床面をもち、大きさは、約一〇〇メートル×一五〇メートル、天井内法高約三〇メートルで、広場の収容力は、そこで催されるイヴェントの種類に応じて、変化できる。例えば、一五〇〇人、五〇〇〇人、一万人そして最高の場合は地上面と周辺の座席を入れて三万人が集まって単一の催しもの、もしくは、複数の催しものを楽しむことができる。

このような多数な変化を成立させるため、この広場には、各種の可動装置が用意されている。すなわち、地上には、移動観覧席、移動舞台、それに各種の舞台機構を内蔵した「ロボット」と呼ばれているタワー・クレーン状の装置があり、それぞれ、催しものの規模、位置、方向に応じて配置転換が可能になっている。

同時に、天井面、床面には特殊な照明設備やスピーカー・システムが取りつけられ、空間の全域にわたって、たんなる舞台効果としてだけでなく、それ自身で光・音・水がコンピューターによって操作され、さらに、観客の参加をえて創り出す環境芸術の装置でもある。

お祭り広場での各種の催しものは、伊藤邦輔プロデューサーによって準備されている。その内容は、日本ばかりではなく、世界各地の伝統的なフェスティバル、近代的なマス・ゲームまた特別に演出されたショウなどがなされるはずである。

万国博の主要行事としての参加各国のナショナル・デーの催し、あるいは式典もこの場でなされ、これらは主として午前中に行なわれる。このあいだ、広場は厳粛な気分に包まれるよう演出されるだろう。

また、この広場は全会場の中心にあるので同時に、休息、待ち合わせ、出逢いの場ともなるが、その時も広場は、環境芸術の場となって、観客を魅了するとともに、さらに観客の参加をえて、人間と機械の共存するイヴェントを演出してゆく場となるだろう。

夜に至って、この広場は、最高潮になるだろう。世界各国のフェスティバルが繰りかえされるだけでなく、なかには観客も一体となって踊るような、日本の阿波踊りや、カーニバルなども予定されているが、さらに未曽有のイヴェントとハプニングが発生するだろう。その時、コンピューターによって操作されるロボットや、光・音・水などの装置は活動し、全体をひとつの超感覚的な場と化してゆくだろう、このような広場のイヴェントは、夜間退場時に観客がゲートへ一時的に集中することを緩和する役割も果たすと期待されている。

お祭り広場の北端は人工湖になっているが、この人工湖はシンボルゾーンと直交して東西に八〇〇メートルの長さをもっている。その人工湖の水は噴水作用によって冷却塔の役割を果たさせ、人間と自然との関係における正しい水の循環を実現しようとマスター・プランの段階では考えられていたが、一時地域冷房が断念されていたこと、噴水の決まるのが遅れたことなどの悪条件がからみあって、この二つは別々に計画が進められることになり、最終的には、噴水と地域冷房とは無関係になってしまったのは残念であった。しかし、視覚的に、心理的に噴水は必要と考えられ、イサム・ノグチ氏によってデザインされた噴水彫刻ともいえる新しい水の芸術が生み出されることになった。

劇場と美術館は、人工湖の対岸に立っている施設であるが、そこから突出されたテラスは、お祭り広場からの舞台として利用されるよう考えられている。

また劇場とお祭り広場とは、水上ステージなどを通じ、電気的、映像的に、一体になって使用されるよう考えられている。

一五〇〇人の収容能力をもつ劇場は、世界各国を代表する芸術、芸能、その他多様な催しものの公演をするホールで、世界の一流タレントのショーやミュージカル、ナショナルデーにともなう儀式、民族舞踊、映画会、その他従来の演劇のジャンルを越えた実験的な催しものなどを開催する予定である。

ホールの舞台はお祭り広場側に設けられ、ホリゾントをあげると大きなガラス面を透して、お祭り広場の多彩なイヴェントや水上ステージ、噴水などが生のままで、舞台の背景となって見えてくる。このように劇場とお祭り広場が完全に一体となるように構成されている。

劇場の東に接して美術館があるが五三〇〇平方メートルの展示スペースをもつこの美術館では、富永惣一氏をプロデューサーとして世界美術における東と西の交流というテーマのもとに、世界の美術品が集められ、テーマに従って展示されることになっている。また世界の現代美術展示がその一部として行なわれることになり、野外美術展示スペースも広く活用されるだろう。

(C) 装置道路・サブ広場・サブゲート・EXPOサービスについて

装置道路は、多様多彩な会場に秩序をあたえる道具として役立っている。博覧会の会場の中には観客に定められたコースというものは存在しない。自由な観客の動きは、ややもすると混乱を招きかねないが、観客はこの装置道路を頼りに、あるいは目標としながら会場の中を移動することができる。

装置道路は、シンボルゾーンから四つのサブゲートとさらに外周に設けられたモノレール駅にいたる間に設置されているが、その途中、展示ゾーン内に設けられた七つのサブ広場ごとに乗降用のプラットフォームが設けられている。

これらのサブ広場は、空中の装置道路から降りた人々、あるいは、地上を散策しながらたどりつく観客が、展示館へアプローチする時の起点となる広場である。

この広場には、大きく分けて二つの機能、つまり、会場の保安維持のための案内所や管理室などの施設と、食事や休息のための食堂や売店が設けられている。したがってサブ広場は、会場内を流動する観客に小休止をあたえるものである。

(D)モノレールについて

装置道路は、場内の交通機関であるが、今一つの交通機関として、会場をとりまく場周道路沿いを循環して走る跨座式モノレールが設けられている。道路沿いの要所に七個のステーションが設けられ、反時計回りに走る一方交通であるが、時間当り二・五万人の観客をさばくことができる。この外囲をめぐるモノレールは、装置道路の末端、つまり、基幹施設の枝の先端を相互に連結している。樹木にたとえられた会場の構造は、このために、単純なツリー・システムではなく、――理解されやすいように、しばしば樹木にたとえられたが――ラチス・システムとして、より有機的になっていることをつけ加えておきたいと思う。

これはまた単に輸送の目的のみでなく、会場をめぐって雰囲気を楽しむ道具にもなることであろう。

（初出『建築雑誌』一九七〇年三月号）

「東京・ニューヨーク都市問題シンポジウム」基調講演

前文

ニューヨーク市と東京都の姉妹都市締結の二〇周年記念の一つの催しとして、このような合同のシンポジウムが開かれることはまことに時を得たものであります。この栄えある席で、こうして皆様にお話をする機会を与えられまして大変光栄でございます。世界で最も大きな人口をもち、国際経済と文化に最も影響力のあるこの二つの都市は、姉妹都市であることが物語っているように、多くの共通点をもっているとともに、それぞれの特異な性格をももつものであります。

歴史からの挑戦

現代の大都市——あるいは巨大都市というべきかも知れませんが——は、その抱えている多くの問題に悩まされております。これにいかに挑戦してゆくべきであるかを考えてみようというのが、このシンポジウムの一つの大きな目標であると思います。

これらの問題はそれらの歴史的伝統、そしてとくに、この戦後の発展と道程のなかで生まれてきたものであります。ここで、とくに私は東京について戦後の経過をふり返ってみたいと思うのであります。

一九四五年、戦争直後、東京はまったくの廃墟と化し、そこに住む人口も一〇〇万人前後ではなかったかと思われます。当時、東京市の都市計画課長であった石川栄耀氏の作業の手伝いなどをして、私はその計画を身近に見ておりました。

東京は戦前にすでに区部人口六八〇万、府全域で七四〇万の人口を擁して、過大都市と呼ばれておりました。石川氏は東京の目標とする最適人口は三〇〇〇万程度であると信じ、それに従って道路計画や土地利用計画が立てられたのであります。

また当時、若い都市計画家や建築家の間でも大胆な提案がなされました。それらはあたかも白紙の上にプランを描くように将来像を夢みたのでした。

しかし、都市はそれが焦土と化したとしても、そこには土地所有関係という現実が覆いかぶさっていることに気づかざるをえなかったのです。石川栄耀氏の官製の計画でさえ、ほとんどといってよいほどに現実の政治的、経済的力関係によって打ち破られ、実現をみたものはそのうちの極めてわずかな部分でしかなかったのです。

都市基盤、道路、軌道、上下水道などが充分整備される暇もないうちに、わずか五年後の一九五〇年には目標の三〇〇万人をはるかに超えて区部人口五四〇万人、都全域で六三〇万人に成長してしまったのであります。

一九六五年には区部人口八九〇万人、都全域で一〇八七万の人口を抱えるまでに至ったのであります。しかし、区部人口の増加はその頃で頭打ちとなり、わずかながら減少の兆しを見せはじめました。

自発性と計画性

都市の歴史をみる場合に、計画されてそのまま出来上った都市、ブラジリアやキャンベラはこのカテゴリーに属しますが、このような都市は人間性が稀薄であるという批判を受けてまいりました。それに反して、あくまで自然発生的にできてしまった都市、この二つの両極が考えられます。

しかし、その中間には長い歴史のなかで自然に成長した都市が、ある時点で大改造が施されて、自発性と計画性とが調和しているまちもあります。パリなどはその一つの例であります。また計画されたところに建設が始められるが、市域が計画区域外に拡がって後半は自然に成長していった都市、ニューヨークやワシントンなどがその例となるかもしれません。東京はその一つの極である徹底的に自然発生的な経過をたどって、生々流転している都市であるといってよいと思います。

この東京の自然発生的な無秩序さに、計画性を導入する機会がいくつかありました。その一つは関東大震災のあった一九二三年であります。そうして二回目のチャンスは一九四五年のこの終戦であります。しかし、この二回とも計画性導入には完全に失敗してしまったのであります。そこでは市民の一人一人の私権に対する執着があまりにもむき出しになって、公共性を受け入れる余地もなかったのであります。また、都市再建や復興のテンポもあまりにも速く、そこに道路などのインフラストラクチャーを整備する時間的、空間的余地もなかったのであります。

この生々流転のありさまをもう少し細かく近づいて観察してみたいと思います。それはいかにも細胞の新陳代謝——メタボリズム——にも似ております。二〇世紀前半までは、日本の都市のほとんどは木と竹と紙でつくられていたといっても過言ではないのです。それは燃えやすく、壊れやすくできています。火事や台風や地震による被害は後を絶ちませんでした。しかし、焼失し破壊された翌日には、木片やトタンを寄せ集めて仮の住まいをつくってしまうのです。そうして次第に、それを自力で改良してゆく。ある程度の財力ができると、さらにそれを大工さんに頼んで木造で建て直す。さらに財力の蓄積ができるとそれをブロック造、そして次にはコンクリート造で不燃化してゆく。ある時には隣近所と敷地を合わせて、一回り大きいビルを建てるという具合であります。地域によって異なりますが、どの地域をとってみても三回から五回以上の建て替えを経て、今日の東京の姿があるといってよいと思います。日本の代表的商店街である銀座ですら、その大部分は数軒のデパートを除くと木造であったので、同じプロセスを経過して成長し、現在の姿になったのであります。

土地を持たない者は遠隔地の、道路も上下水道さえないところに小さい一片の土地を購入して家を建て始めます。ここでも上に述べたのと同じプロセスを踏んで成長してゆきます。ある時には建売住宅に買い替えてゆく場合もあります。これが日本の大都市近郊の郊外住宅地の典型的な姿であって、人はそれを「ウサギ小屋に住む日本人」と呼んでいます。確かに、その姿は棟と棟との間は三〇センチほどしかなく、びっしりと小さい家が建ち並んでいる。派手な青や緑に思い思いに塗装された金属板の屋根が、その感じをひときわ目立たせているようです。

日本の都市では、こうした間断ない新陳代謝のプロセスは進行して止みません。それにひきかえ、恒久的な建物を建てるという考えをもっている欧米人の場合、一度建てたらそう簡単に壊すわけにはいかないので、慎重に計算し計画を練ってから建て始める。また公共の利益のためになる都市計画をもって、それに従うという行き方をとっていますが、それとはまったく違って、常に間に合わせの仮のものであり、壊れたり、燃えたりすればまた次のものを建てるという具合であり、日本の住宅は本質的に仮寓なのであります。

このような建設投資を累積すれば、フローとしては莫大なものであったのですが、ストックは一向に累積されなかったのであります。都市をストックとして、市民の誇りうる文化財として考えるということは、残念ながら日本の伝統には存在しなかったのであります。現在、東京がストックとして持っている住宅の平均は一戸当たり約四五平方メートルに満ちません。現在建設しつつある年間の平均をとれば、六五平方メートル程度まで向上してまいりましたが、まだまだ先進国としてはウサギ小屋の域を出ないといえましょう。

一九五〇年代後半から一九六〇年代にかけて、日本の建築や都市計画の思潮のなかに「メタボリズム」と呼ばれるものがありましたが、これはこうした現実を認めた上で、そこから方法を探ろうとする試みであったといえましょう。

日本の都市環境の伝統

日本の都市環境における伝統には、ヨーロッパやアメリカに比べてかなりの特殊性のあることをここで要約しておきたいと思います。その一つは日本の生活装置の「バラック性」であります。伝統的な建物はほとんど木と竹と紙でできていて、煉瓦や石造のもののような堅牢性も耐久性もない。それだけに、伝統は実体としては継承されることがなく、その背後にある型とか観念として継承されてきました。

それにひきかえ、ヨーロッパの都市環境はその歴史的伝統が実体として継承されていて、こうした都市がもっている蓄積が文化の実体を形成しています。そこでは、都市は文化の表現なのであります。日本では、文化とはこのような実体としてではなく、観念の世界のものとして考えられており、文学や音楽が文化の表現であっても、都市を文化の表現とみることはなかったといえましょう。

しかし、現代文明はともあれ、鉄とコンクリートを素材とする実体の文明であります。観念としての日本の都市環境は現在、いくつかの発展段階の混合であると見られます。観念としての都市、壊れやすい都市の姿と、現代文明を表現した実体的な姿とが調和なく混在している姿であるといえます。

もう一つの点は、日本の伝統における「私性」あるいは「非公共性」という点であります。ギリシャの都市はアゴラを中心として、中世ヨーロッパ都市は市庁舎または教会の前にある市民広場を中心として形成され、これらの地区が優れた中世都市の伝統を今なお、実体として伝えているところが多くあります。そしてこれらの公共的、市民的空間は今日でも都市生活のなかに生きているのです。しかし、日本の都市にはこうした市民的な中心も広場もなかったということが、とくに留意されてよいと思います。日本の都市環境には公共性に対する意識、それはまたコミュニティの意識でもあるのですが、それが感じられず、すべてが個人単位、私企業単位の運動をしているようにしか思えないのであります。私はこのような日本の都市環境の伝統、バラック性あるいは非計画性と私性、あるいは非コミュニティ性といったものは、克服されてゆかねばならないものと考えております。

メタボリズムとメタモルフォーシス

しかし、こうした都市細胞の間断ないメタボリズムの過程のなかに日本の都市もまた、とくに東京は次第にその構造変化――メタモルフォーシス――を遂げてきたことも見逃すことはできません。私はこの構造変化――それも計画的にではなく自然発生的に行われた変化でありますが――について特徴的な点を指摘してみたいと思います。

一九六〇年代の東京

一九五〇年代の後半から始まった日本経済の成長は加速度的に進行し、六〇年代に入って一〇%を超えるような成長率さえ示すほどになってきました。東京の人口は伸び、区部の人口はすでに飽和の状態に近づきますが、外周の都下および南関東への人口の集中は急激に進行しました。その周辺人口が東京に昼間流入して、昼間の区部人口は一九七〇年には流入超過一六〇万、一九八〇年には二五〇万、一九九〇年には三〇〇万が予想されているのであります。

こうした東京都区部人口の減少の傾向は、東京の都市活動の衰退を示すものではなく、東京区部の都市化が進行していると見るべきでありましょう。ニューヨークも同じく市自身の人口は一九六五年八〇〇万をもって頭打ちとなり、その後は一九七〇年七七九万、一九七五年七四八万と減少への途をたどっておりますが、ニューヨーク・リージョンは一九六五年一七〇〇万、一九七五年二二〇〇万と増加をたどっていることも、これに似た現象として見ることができます。

地域構造の変化

建設投資も日本経済の成長率を上回って激しく伸び、都心部は第三次産業を支えるオフィス・ビルの建設が激しくなり、また六〇年代の初め頃から超高層建築が可能になって東京のスカイラインを変えていきました。

また、依然、工業用地を求めて都の臨海部や東京湾岸の埋立ては進行していきました。当時すでに、湾岸は住宅あるいは都民のためのレジャーに向けられるべきだという声もあったのですが、この埋立地には大規模工場の建設が進められ、東京湾岸の空気、水などの環境は急激に汚染されていったのであります。

住宅地は地価の低いところを求めて郊外へ近県へと伸びて、通勤距離はますます遠隔化していくとともに、典型的な「ウサギ小屋」の立ち並ぶ郊外地が形成されていきました。

また新宿副都心の計画は進み、一九六〇年代後半期にはその建設は軌道に乗り始め、東京のビジネス活動は丸の内・霞が関から一部新宿へと拡がりを見せ始めました。また、日本橋、京橋、銀座と延びてきた盛り場も、次第に赤坂、六本木、青山そして原宿へ、また副都心の新宿、渋谷、池袋、上野へと延び、都心機能の拡がりは環状線内を覆うようになっていきました。

交通需要の伸び

それに従って交通需要はますます大きくなり、郊外電鉄の拡充、地下鉄への乗り入れ、地下鉄網の整備が集中的に行なわれました。東京のいたるところで幹線道路は地下鉄工事で掘り返されており、自動車の急激な増加と相まって慢性的な交通麻痺が日常化し、都心から羽田空港に至るに、ある時は一時間ある時は三時間もかかるという計算を超えた状況にも立ち至ったものであります。とくに一九六四年のオリンピックを機会に、東京都区部の西北部はやや道路も整備され、羽田、都心を結ぶ高速道路第1号線を皮切りに、数多くの高速道路網が都市内部をのたうちまわることになってしまったのであります。このように東京は一九六〇年代にその構造を大きく変革してしまいました。それは取り返すこともできない傾斜をもって一九七〇年代に引き継がれてゆくのであります。

公害の発生

こうした建設工事に伴う環境破壊、工場の廃液は河川や湾海の水質を急速に汚染し、またその廃ガスや自動車の排気ガスによって東京の空は完全に汚染されてしまいました。経済の成長に酔いしれた人はこうした公害にはさほどの配慮をも払わなかったのであります。また、たくましい建設の陰に市民の福祉もないがしろにされたきらいはあったと言えましょう。そうして一九六〇年代末期に気がついた時には、東京は世界で最も公害の甚だしい、また福祉の低い都市の例となっていたのであります。

一九七〇年代の東京

環境と福祉に対する意識は一九六〇年代末期頃から次第に市民の間で拡がり始めてい

ましたが、一九七〇年代は福祉と環境浄化が市民にとって重大な関心事となってゆき、そうして都市づくりに対する市民参加の声が次第に高らかになってきた年であるといえましょう。

こうした市民の要請を受けて、美濃部都政が誕生したのであります。とくに環境問題は世界の問題になり、一九七二年にはストックホルムにおいて国連人間環境会議がもたれるようにもなり、「技術の発展、経済の成長は環境を破壊し汚染するものである。この勢いで成長が続くならば地球の資源は喰いつくされ、環境は汚染しつくされてしまうだろう。経済ゼロ成長こそ望ましい」という声さえ聞かれるようになったのであります。

こうした公害防止と環境浄化に関しては、日本政府は環境庁を新しくつくり、その対策に専念してきました。環境アセスメント法案こそまだ議会を通過していない状態ではありますが、行政指導によって急速にその成果をあげてまいりました。そうして公害防止技術においても日本の水準は世界に誇りうるものとなったのであります。

ただし、行政指導による環境基準はきびしいものでした。そうして東京からは多くの工場が地方に転出してまいりました。一九七〇年代、東京の空はより透明になり、冬の朝には富士が見えるようになってまいりました。河川も海も次第に浄化されてまいりました。

もちろん、公害問題、環境問題はこれで解決されたわけではなく、今後さらに多くの予想される公害に対して事前にその影響を予測して、未然に防止してゆく方策が継続的にとられてゆくことは必要なことでありましょう。

東京都政も七〇年代初期の経済好況のなかで、環境対策と福祉対策にはかなりの財源と人員を振り向けたのでありましたが、こうした歳出の膨張は一九七三年のオイル・ショック後の日本経済の停滞とそれに伴う都財政の歳入減によって大きな負担となり、都は巨大な赤字財政に悩まされることになったのであります。

都市環境に対する市民の関心の高まりとそれへの参加意識は今後の都市づくりにとって本質的に重要なことでありますが、しかしこの時期には多少の行きすぎのあったことも認めなければなりません。

私は日本の都市環境の伝統のなかに私性が優先され、公共性がないがしろにされるということを述べ、克服されるべき伝統であると申しました。このことは、ここでの市民参加の仕方においても現われているのであります。日本の都市の構造変化は一人一人の細胞の新陳代謝を経ながら、いってみれば「ミニ再開発」の累積として都市構造を大きく変革してきたことを述べました。しかし一面、より公共性と計画性をもった大中規模の「再開発」の必要は痛感されていたのであります。とくに地震時に火災の危険度の最も高い江東地区の「防災計画」は、こうした計画的再開発を抜きにしては考えられないところであります。また、臨海地の埋立地の土地利用も七〇年代は無計画に設置され、再開発を必要とする地区が多いのであります。

また、郊外住宅地もすでに過密化し、再開発による再編成を必要としている地区が多々あります。

また、工場跡地などの有効利用による開発も必要でありましょう。しかし、こうした開発・再開発も、それを取りまくかなり広い周辺住民の全員の同意がなければ工事は許可にならないという方式が慣例となり、いわゆる個人単位の「ごね得」が一般化してしまいました。一千万総エゴの状態といえるでしょう。「市民参加」は「公共的建設的」なものから「個人的否定的」なものに変質してしまい、その本来の機能を果たしていなかったのが実状であります。一九七〇年代において一九六〇年代の急速な成長と変化のあとに残された、いくつかの歪みを是正すべき課題を担いながら、それに必要な再開発・開発はこうした市民参加の名のもとに、ほとんどが封じ込められておりました。このような動きのなかでは、公共性の意識やコミュニティの連帯感の必要が唱えられながらも、それが醸成される地質はなかったのであります。

鈴木都政に希望を託して

一九八〇年代の東京は鈴木都政によって切り開かれようとしております。鈴木〔俊一〕知事は「マイタウン東京」を合言葉として選挙を戦い、勝利をおさめたのであります。その目標は、第一には財政再建でありました。そして、それを成し遂げたあと、マイタウン東京構想を打ち出し、それを実現してゆくということであります。第一の目標であった「財政再建」については、新しい都政一年あまりで、主として都庁の内部努力によって健全財政への建直しの目処が立てうる状態にまで回復しているということは喜ばしいことであります。

第二の目標の「マイタウン東京構想」について鈴木知事は以下のように述べておられます。

「戦後の発展の過程で余裕のなかったこと、成長のあまりにも急であったため、種々の歪みが生じたことも事実であります。そのために現在の東京には防災、交通、住宅、環境公害などの問題が存在するとともに、福祉、教育、文化等の充実を計る必要もあり、さらに大都市特有の住民相互間における心の触れ合いという人間関係の希薄さが目立ち、その解決が迫られております。東京が現実にこうした多くの問題を抱えていることを充分に認識しつつ、なお東京について常に積極的に、明るいイメージを求め、人間性豊かな街にしたいと願っております」と述べておられます。

「そして東京を「安心して暮せるまち」「生き生きとして暮せるまち」「ふるさとと呼べるまち」、そうして次第にマイタウン東京として誇りをもって引き継いでゆける東京を築こうとすることが私の念願であります」とも述べておられます。このマイタウン東京の構想はそれを扱う委員会で検討されており、今年〔一九八〇年〕末までにその報告が出される予定と聞いておりますので、それを待ちたいと思います。

しかし、二、三、これに関する私見を申し上げてみたいと思います。現代社会はますます国際化し、国際関係のなかでしか存在しえなくなりつつあります。こういう時に歴史家トインビーの言葉が想い出されます。「統一的な世界文明は実現可能であり、望ましいものだと思います。しかし、私は一種の二重生活を送るのが私たちの目標でなければならないと信じています。一つは「世界市民」として生きながら他方ではその「成員同士の関係を個人的に保ちうる程小さなコミュニティ」のメンバーとして生きるのです」

どのようにしてコミュニティが創られるか

成員同士の関係を個人的に保ちうるようなコミュニティは、いかなる社会でもコミュニティ意識、市民の連帯感の基礎になるもののように思われます。ではこのようなコミュニティはどのようにして建設されるのでありましょうか。

その一つは、コミュニティづくりへの参加であります。そうしたグループ単位の住居づくりを「コーポラティブ」と呼んでいますが、これもコミュニティ形成の手がかりとなりうるものだと思われます。しかし、いつの場合にも可能だというわけにはゆきません。

もう一つのアプローチは、特定のコミュニティにコミュニティ意識を盛り上げるような「コミュニティの空間組織」をもたせることであります。人々は家を出て道に出ます。道で人々は接触し、相互の関係を見出します。それぞれの道は一つの広場に集まります。そこには成員が共通の関心をもつものがそなわっている。——例えば、役場であり、小学校であり、ある時は駅前であることもありえましょう。それをコミュニティのコアーと呼んでよいと思いますが、物心両面での生活の支えになるコアーが、コミュニティの連帯意識をもたせる上には必要欠くことのできないものであります。そういう点から考えまして、コミュニティの街づくり、あるいはその「空間構成のデザイン」は大切なことであります。それは、アパートの四角い箱が、マッチ箱を並べたように建っている公営住宅団地などからは、決してコミュニティ意識は生まれてはこないといってよいかと思うのであります。こうした公営住宅団地づくりも、単なる取締り的行政や最低基準に適合していればよいといった投げやりな行政でなく、「モデル・コミュニティ」を建築家の創造力を動員してつくってみるということが必要ではないかと思うのです。「創造的行政」が必要な時期に来ております。

モデル・コミュニティにもいろいろの段階があるでしょうが、モデルとしては、その最小単位として小学校区を取り上げるのがよくはないかと思います。モデル地区は新しい郊外に、また臨海地区の埋立地に実験的に建設されるのもよいでしょう。また、再開発を必要とする地区にも適用されるべきだと思われます。

コミュニティは閉塞的であってはならず、より広域のコミュニティに開かれたものでなければならないでしょう。児童や婦人あるいは老人にとっては、日々の近隣コミュニティはその生活の大部分をカバーするでしょう。しかし、成年男女にとっては、職場を通じて、また趣味を通じて、さらに広域のコミュニティが開けており、ついには世界市民の域に達する人々もいるでしょう。

コミュニティの地域的広がりをとってみても、小学校区さらに市町村単位のまた区単位のコミュニティ、そうして東京をわがコミュニティと意識し行動する人たちもいるのです。

それぞれの段階に、そのシンボルとなるコアーが必要でありましょう。小学校、あるいは町役場、市庁舎、区役所、それらを中心とした文化、スポーツ、福祉施設を総合的にもった広場、そうしてそれに所属する人たちが誇りと感じるようなコアーが必要でありましょう。そのような各段階のコアーが、ネットワークをつくることもまた好ましいことであります。しかし、東京をマイタウン東京と呼ぶためには、都民にとって想い出になり、誇りになるような、いくつかの街なみが必要であることも事実です。

過ぎし日の江戸情緒をたたえる浅草に想いを寄せる人もいるでしょう。あるいは銀座の柳に想いをはせる人もいるでしょう。また、赤坂の夜を思い出す人もいるでしょう。

しかし、若者の興味は、六本木、青山、そして原宿へ、そして新宿へと移りつつあるのも事実であります。単なる懐古だけでなく、若者を惹きつけるものをつくることも大切なことであります。

パリも、こうした想い出をつくる街並は東から西へと向かっております。パリ市は衰退しつつある東部の旧い市場の跡に、この地区を再生させるために再開発計画を立て、その一つとして文化芸術に関する、少なくとも一〇〇年は持続する総合的な情報センターの建設を、ポンピドーを記念するセンターとして推進してまいりました。ここは一八世紀のパリ情緒細やかな下町でありますが、そこにまったく鉄とガラスでできた未来的な巨大な建物ができ上がりました。市民の間では賛否両論でしたが、今ではパリの若者たちを、毎日約十数万人を動員し、一種の若者の街として再生を始めております。また、市はその近くにレ・アールという地区の再開発計画を発表しました。その一部の地下ガレージと地下ショッピングアーケードが完成しました。この地下ショッピングアーケードは地下ではありますが、青空の下につくられた沈んだ広場なのでありますが、その広場は、また若者たちの街として活気を呈しております。東京も、下町を再び活性化するためには、単なる懐古だけでなく若者に魅力をもつ再開発が必要だと思われます。

東京は東から西に向かっているという一般的傾向は否定できませんが、しかし世界の政治、経済との接点でもあり、日本の中枢であるその中枢機能は、新宿副都心に一部は移ったとはいえ、依然として丸の内、霞が関が果たしております。しかし、都民に親しまれ、想い出をつくるような盛り場を考えてみる時には、新宿は東京都人口分布の重心的なところにあって、その重みをますます加えつつあります。鈴木知事も、一九八〇年初頭に都庁舎を新宿に置くという初夢をご覧になったと言っておられますが、しかしこれは夢ではなく、より現実性をもつものとなりつつあるように思われます。

日本の都市には市民広場がなかったと申してきましたが、マイタウン東京のシンボルとして、何と言っても「東京都民広場」をつくり出すことが重要に思われます。そこには東京の歴史文化、芸術に関するすべての情報が都民にサービスされうるような博物館、美術館、劇場、図書館などの総合的機能をもった施設が、新しい都庁舎前の広場を囲んで建っているという情景を、私はいま心に抱いております。私たち都民にとって、東京を総体としてマイタウンと感じるということは、たやすいことではありません。それには何かシンボルが必要であります。私はそういったシンボルとして新しい都民広場を心に描いております。そしてそれは、次の世代に誇らしげに引き継いでゆけるようなものでありたいと念願しております。

（初出「東京・ニューヨーク都市問題シンポジウム」一九八〇年一〇月）

編者解説

豊川斎赫

アメリカの建築史家コーリン・ロウの都市論『コラージュ・シティ』(一九七八年)によれば、近代の都市計画提案は二種類に大別される。一つはテクノロジーを駆使しながら科学的に都市を把握し、合理的に都市をデザインする方向である。もう一つは人びとの意見をふまえて民主主義的にまちづくりを進める方向である。前者では客観的な根拠に基づいて発言し行動することが義務とみなされ、後者では対話と博愛精神によって生き生きとした都市空間が育まれるとされる。

コーリン・ロウはこの二分法を歴史的に振り返り、「科学的であれ」という号令と「博愛的であれ」という号令が一八世紀後半、フランス革命以降の西欧諸国に鳴り響き、都市計画の分野にも波及したと指摘する。そして、科学的で博愛的な都市を実現してみせると喧伝したのが、ル・コルビュジエに代表される二〇世紀前半の建築家たちであった。とくにル・コルビュジエは、都市を四機能(住む・働く・憩う・移動する)に分節し、都市建築の高層化やシームレスな交通手段の実現による衛生環境と生産性の向上、都市緑地の増大を唱えた。二一世紀におけるＡＩ主導のスマートシティはこの流れを加速させるものといえよう。一方で、二〇世紀後半になると、ジェイン・ジェイコブズに代表される住民主体のまちづくりが注目され、巨大再開発を推進する行政担当者や地上げ屋が現れた際に、その意義が見出されることとなった。

以上の二分法になぞらえて丹下健三を位置づければ、彼は前者の流れを汲み、戦後日本において建築・都市・国土を一体的に捉える手法の開発に取り組んだ点に特徴がある。一九一三年生まれの丹下は、ル・コルビュジエが第一次世界大戦以後に雑誌で発表した数々の都市計画に魅了され、第二次世界大戦下で自らの都市デザインのキャリアをスタートさせた。丹下よりも世代が上の同業者は日本国内のみならず中国大陸で様々なスケールの仕事に取り組むことができた。しかし、丹下が大学を卒業した一九三八年は日中戦争のさなかであり、丹下と同世代の建築家らは活動エリアが日本国内に限られ、実現の見込みの低い仕事が多かった。敗戦の後、彼らの多くは戦後復興と高度経済成長の波に乗って、住宅や公共建築の設計を主な活動領域とすることになる。

一方の丹下は住宅の設計には重きを置かず、公共建築、都市計画、国土計画に強い関心をもちつづけた。丹下は、全国各地の戦災復興から一九六四年の東京オリンピック、一九七〇年の大阪万博まで、東京大学の丹下研究室を拠点に日本全国をフィールドとして都市デザインの研究と実践を両立させた。また、オイルショックの翌年に大学を退官した丹下は、その後、中近東、アフリカ、シンガポールなど産油国を中心に活動領域を海外へと拡張した。

丹下が研究室のメンバーと共に取り組んだ研究テーマや成果を俯瞰すると、日本全土もしくは東京を対象として、人口動態、産業人口、生産力など統計資料を駆使して都市の四機能（住む・働く・憩う・移動する）の分析に取り組んだことがわかる。丹下研究室は戦災復興、朝鮮戦争特需、高度経済成長、オイルショックによる日本社会の変容と歩調を合わせながら、都市を機能的に把握することで数々の都市構想を発表してゆく。アテネ憲章をガイドとして、戦後日本の都市と国土を精査し、未来都市を可視化した唯一無二の都市デザイン集団であった、といえるだろう。

また、丹下研究室からは、槇文彦、磯崎新、黒川紀章など世界的な建築家・都市デザイナーが輩出した。一九六〇年には、彼らが中心メンバーとなってメタボリズム・グループが結成される。同グループのプロデューサーは丹下研究室の大番頭を務めた浅田孝で、グループのメンバーらは世界各地の都市計画で大きな成果を収めた。弟子たちの国際的な活躍をつうじて、丹下の都市デザイン思想は、二〇世紀後半の都市計画において世界的に広く影響を与えたと評価できよう。

本書は都市デザイナーとしての丹下健三の全体像を捉えるべく、都市をめぐる丹下の数ある論考のなかから特に重要な論考を精選し、「I 都市の再建」「II 東京改造計画」「III 巨大都市の未来」の三つの章から構成されている。以下、その概略を述べる。

「I 都市の再建」は三つの論考からなる。一九四八年から一九五〇年にかけて執筆された論考で、キーワードとして生産力、国民所得、都市計画が挙げられる。一つ目の論考「建設をめぐる諸問題」は、雑誌『建築雑誌』一九四八年一月号に掲載された。このなかで丹下は、戦災復興期における経済不安に対して建設技術者に何ができるのかと自ら問いかけ、日本の生産力問題を注視している。丹下は戦災復興時に採用された傾斜生産方式（敗戦にともない、石油を輸入できないなかで国内産の石炭・鉄鋼に資金を集中させ、産業全体の復興を図る経済政策）をビリヤードに喩えて分析している。ピラミッド状に配された球のうち、頂点の球（石炭）に衝撃が与えられると、隣接する球（鉄鋼）に力が伝わり、次第に底辺の多数の玉に力が波及していく。しかし、ビリヤード台（生産力の基盤である日本の都市や国土のインフラ）が脆弱で、摩擦（政策論議の対立）ばかり大きく、各々の球はすぐに止まってしまうと論じる。また、住宅に代表される建設産業が生産力循環のなかで過小評価され、底辺の球に位置づけられていることに丹下は不満を表明する。そして、建設産業そのものが主体的に経済を駆動させる方法（建設が他の玉の動きをより円滑化し、建設そのものが頂点の玉として位置づけられること）を意識すべきと唱えている。また、都市における土地所有の零細化は日本の封建性の現れであり、区画整理事業で合理化を図ろうとしても、土建業者が暗躍して土地利用の合理化が阻害され、多くの勤労者が遠距離通勤を余儀なくされている、と分析する。

二つ目の論考「明日の都市への展望」は、『明日の住宅と都市』（彰国社、一九四九年）に収録された講演記録である。ここでも丹下は生産力の問題にフォーカスを当て、工業、農業の両面で北九州が日本国内の先進地域であると述べている。一方で「迅速円滑な活動、能率のよい作業のできる明日の都市の建設のために、都市計画は必要」であるが、土地を投機の対象にしている旧勢力（闇マーケットの元締め）が都市計画を阻害している、と批判した。この論考は先に触れた「建設をめぐる諸問題」を一般市民向けに説いたものだったが、同じ『明日の住宅と都市』のなかには、丹下が仙台に訪れた際の講演も収録されている。そちらの論考は、生産力の劣った杜の都がいかに封建的で、日本の近代化に貢献できていないかを論難する内容となっており、丹下が東北地方を「内的植民地」として捉える視点を有していたことがわかる。

三つ目の論考「地域計画の理論」は、『日本建築学会研究報告』一九五〇年一〇月号に掲載されたものである。このなかで丹下は、国民所得の増大、国民所得の均等、国民所得の安定の三つを掲げ、これらをもって経済的福祉の向上を図るために「地域の生産関数」を提案している。この関数を用いることで丹下は、都道府県単位の工業・農業の投資額、人口、生産額の相関関係を可視化しようとする。その成果は経済安定本部(のちの経済企画庁)に持ち込まれ、戦後国土計画の手法として注目されることとなる。

つづく「Ⅱ東京改造計画」は、いずれも一九六〇年頃に発表された論考からなる。

一つ目の論考「Mobility と Stability」は、雑誌『建築文化』一九六〇年九月号に掲載されたものである。この論考が発表される前年の秋から、丹下はボストンにあるマサチューセッツ工科大学(MIT)で客員教授を務めている。渡米前、丹下は倉敷市庁舎の設計に取り組み、ヒューマン・スケールに満ちた蔵の街並みに調和するデザインを追求するのか、それとも工業集積が期待される倉敷・水島エリアの将来性を先取りするデザインを追求するか、何十通りもの検討を重ねていた。熟考の末、丹下は後者を選択し、帰国後、伝統的な蔵の街並みとは大きく異なるコンクリート造の庁舎を竣工させている。

倉敷市庁舎は竣工当時、倉敷の街並みと不調和で、ヒューマン・スケールを逸脱していると批判された。しかし、今日、美術館に改修された当該施設を訪れると、むしろ穏当な規模の公共施設であり、倉敷の街並みに十分に馴染んでいることがわかる。

アメリカ滞在中の丹下のもとには、MIT以外にも様々な大学から講師の依頼が舞い込み、丹下は各大学での講義の課題として都市高速道路と広場との両立問題を据えた。都市高速道路は現代都市のスーパー・ヒューマン・スケールの象徴である。一方の広場は、古今東西を通じてヒューマン・スケールに依拠するものであった。この相容れがたいスケールをもつ二つの構造物をいかに両立させるか。丹下はMITの学生らに、ボストン湾上の敷地に高速道路が貫通する、二万五〇〇〇人居住の海上都市を提案させた。その結果、海上に三角形の大架構を設け、高速道路から分岐した車が三角形の中空部分に入り込み、パーキングに接続する計画案がまとめられた。そこでは、高速道路、中小広場、公共施設、各住宅などが立体的に配置されている。この計画案はのちに、丹下研究室を中心に研究された「東京計画―1960」へと発展的につながっていく。

二つ目の論考「技術と人間」は、一九六〇年五月に開催された世界デザイン会議での講演原稿である。この会議はアメリカ・アスペンで開催されてきたデザイン会議を日本に招致したもので、アメリカからは建築家ルイス・カーンやグラフィック・デザイナーのハーバート・バイヤーらが参加した。丹下の講演で特に注目される点が二つある。一つは、原子力の問題について積極的にふれている点である。丹下は広島で旧制高校時代を過ごし、広島の戦災復興計画立案を志願して現地入りし、その後、広島平和記念公園の設計を担当したことから、原子力の問題には人一倍敏感であった。ここで丹下は、原子力の解放が新しい人間性の意識の解放を促すと強調し、技術の進歩を肯定的に捉えている。丹下の原子力への言及は、一九六〇年代初頭を境に、日本が唯一の戦時被爆国から原発を基盤とした産業立国へと変容する潮目を見るかのようである。のちに自らプロジェクトの総指揮を担った大阪万博で、メイン会場のお祭り広場に電力を供給したのが関西電力美浜原発であったことは広く知られている。

もう一つの注目すべき点として、MITの学生らに指導した海上都市計画について、丹下は生命科学にインスピレーションを得ながら説明している点である。先にふれたメタボリズム・グループは一九六〇年の世界デザイン会議で結成が発表されたが、彼らは原子、遺伝子から大星雲に至るまで、万物の新陳代謝に注目し、新しい都市デザインのヒントを得ようとした。目に見えない原子同士の衝突が現代都市を瞬時に吹き飛ばすのであれば、遺伝子レベルの出来事、もしくは大星雲の彼方の出来事を参照して新しい都市を構想することも可能ではないか、という野心的な見立てに基づいていた。丹下は彼らとほぼ同様の発想から自らの都市デザインを模索したが、一方でメタボリズム・グループを中核としてル・コルビュジエ以後の近代建築を牽引する設計者集団「TEAM TOKYO」を組織し、世界に売り出そうと企画した。その成果発表の場が、一九七〇年の大阪万博であった。

三つ目の論考「東京計画―1960」は、雑誌『新建築』一九六一年三月号に掲載された記事に一部加筆したものである。この都市提案はもともと、丹下研究室が自ら企画・立案したもので、一九六一年の元日にNHKテレビで特別番組が組まれ、放送された。一九五〇年代の丹下研究室では、国民所得の増大・均等・安定を実現するために、都心への人口集中（求心型・放射型の遠距離通勤）を是認し、その規模を統計数理的に把握しようと試みていた。一方で、丹下は自ら設計した東京都庁舎(有楽町の旧庁舎)において、人口過密のピークを東京・有楽町に設定し、都庁舎周辺の人口過密を瞬時に解消する公共建築の提案に腐心した。しかし、この提案も旧来の求心型・放射型の都市構造の追認にとどまり、限度を超えた人口集中に対応するため、線型都市構造(皇居・丸の内と千葉・木更津を軸線状に結ぶサイクル・トランスポーテイションシステム)の提案に踏み切ったのである。MITでの課題はボストン湾上の都市高速道路と海上住宅および中小広場の建設で、丹下はこれを東京湾で進化させようと試みた。彼らの「東京計画―1960」は、都市の発生を生物の胚から脊髄が発生するプロセスになぞらえ、生命科学的なメタファーを駆使して説明された点に特徴がある。

最後の「Ⅲ 巨大都市の未来」は、四つの論考から構成される。すべて一九六四年の東京オリンピック以後に書かれたものである。一九六四年、東京オリンピック水泳競技とバスケットボール競技のために計画された国立代々木競技場が無事竣工し、丹下はIOC(国際オリンピック委員会)から功労賞(オリンピック・ディプロマ・オブ・メリット)を贈られている。丹下は代々木競技場の設計・監理に携わりながら、高度経済成長によって日本列島がどのように変容するか思いをめぐらせ、これからの日本経済の成長モデルを象徴するデザインにしようと考えた。国立代々木競技場は、戦後日本の構想者としての丹下の集大成ともいえる作品である。二〇二一年五月、文化審議会は文部科学相に対し、国立代々木競技場を重要文化財に指定するよう答申した。

一つ目の論考「日本列島の将来像」は、雑誌『中央公論』一九六五年一月号に発表されたものである。丹下は経済学者W・W・ロストウのテイクオフ理論を援用しながら、日本が技術革新を背景として経済成長をつづけ、今後数十年間の公共投資額が莫大なものになると予測している。具体的には、東海道新幹線などの輸送手段の高度化によって、東京・名古屋・大阪が一体化し「東海道メガロポリス」が形成される。「東京計画―1960」が首都圏内の皇居を中心に五時の方向にある木更津を結ぶ線型都市構造計画だったのに対して、東海道メガロポリスは皇居を中心に九時の方向にある中部圏・近畿圏をブレイクスルーして大きなゾーンと見なす点に特徴があった。

丹下の目から見て従来の国土計画は、国土の均衡ある発展を期待して圏域ごとの均等な公共事業配分を実施してきたが、これからは既存の圏域にとらわれず、生産性・発展性に応じ、ゾーンごとに重点配分することで国土は有機的に発展していくと考えた。公共投資の公平さ以上に効率を求める姿勢は、先述の「地域計画の理論」にも見られる。

丹下は「明日の都市への展望」のなかで生産性の高い地域を称賛し、そうではない地域をそれに劣るものと見なした。この論文においても、生産性によって優劣をつけるビジネスライクな視点は保持されている。

一九六〇年代後半、経済企画庁では新全国総合開発計画（新全総）の策定に向けて様々な検討が重ねられたが、丹下は国土計画に関連する産学官のエキスパートが集う日本地域開発センターの設立に深く関与した。丹下は地理学の木内信蔵教授（東京大学）と共に、視覚に訴える国土計画地図の作成に取り組み、専門家間のコミュニケーション促進を図っている。丹下の国土構想が新全総にどれほど影響を与えたかは今後の調査研究を待たねばならないが、新全総を広く深く進化させるための基盤づくりに大いに貢献した、と評価はできよう。

二つ目の論考「万国博会場計画」は、『建築雑誌』一九七〇年三月号に掲載された。丹下は一九六五年から大阪万博のブレーンとなり、会場計画のプロデューサーを任ぜられた。オリンピックを機に東京では公共施設の大幅な更新が行われたが、大阪の財界人らが万博の誘致を通じて同様の開発を企図したことは想像に難くない。一方で、丹下にとって大阪万博は、首都圏・中部圏・近畿圏を新幹線と高速道路でブレイクスルーする千載一遇のチャンスであった。そして、その端点である大阪に一〇〇万坪の未来都市を建設することを構想した。丹下はこの論考の末尾で、会場設計を明快に説明するために交通システムを樹木に、パビリオンを花にたとえてきたが、実際の万博会場は単純なツリー・システムでなく、複雑なラティス・システムになったと断っている。

当時、建築家クリストファー・アレグザンダーは論文「都市はツリーではない」(一九六五年)のなかで、近代都市計画の大半が都市のエレメントをツリー状に配置して、それが合理的であることを強調してきたが、実際の都市はツリー構造ではなく、より複雑なセミ・ラティス構造を有すると主張して、世界的に注目を浴びた。アレグザンダーの論文には、「東京計画―1960」もツリー構造の典型として批判の俎上に上げられている。丹下はアレグザンダーの批判を十分に意識しつつも、万博に関与する政治家、財界人、施工業者、マスコミと対話する際には、たびたびツリー・システムに言及した。しかし、万博が無事スタートすると、万博会場はツリー構造ではなく、セミ・ラティス構造と呼べるほど複雑だ、と言及せずにはいられなかったのだと考えられる。

三つ目の論考「「東京・ニューヨーク都市問題シンポジウム」基調講演」は一九八〇年一〇月に開催された国際会議での講演記録である。この講演で丹下は、戦後における東京の都市計画を振り返り、西欧諸都市に比して日本の都市の特徴を二つ挙げている。一つは可燃物で構成され耐久性に劣る「バラック性」、もう一つは公共空間やコミュニティを醸成できず個人単位・企業単位でしか活動できない「私性(わたくし)」である。美濃部亮吉都知事の下で推進された防災都市再開発は「バラック性」の克服が目的であったが、住民らの「ゴネ得」が一般化し「私性」が露呈したと辛辣に批判している。これは「明日の都市への展望」でも述べていた、戦災復興計画を阻害した旧勢力への批判に通ずる視点であり、人びとの声をふまえた民主的なまちづくりが不合理な既得権の擁護に転じやすいことへの警鐘であった。

また講演の末尾で丹下は、鈴木俊一知事が初夢で都庁舎を新宿に移転する夢を見たエピソードにふれ、まだ見ぬ「東京都民広場」の様子を詳細に説明している。傍から見れば丹下と鈴木知事は蜜月そのものであり、予定調和とも解される講演内容と言えよう。丹下は一九七九年の都知事選で鈴木候補の確認団体「マイタウンと呼べる東京をつくる会」の会長を務めたが、会長職を引き受ける際に「勝てば官軍、負ければ賊軍」となることを覚悟した、という。強権を有する都知事の盟友として眺めた一九八〇年の東京の街並みは、国際都市と呼ぶにはあまりに貧弱で、そこに住まう市民らの私利私欲ばかりが目についたのかもしれない。

一九八〇年代になると丹下は、シンガポールの初代首相リー・クワン・ユーとの出会いから、シンガポールで数々の超高層建築を設計する機会に恵まれた。その設計は、後の東京新都庁舎(新宿)と多くの点で類似している。シンガポールは、言語、土地制度、建設方式、設計報酬の点で東京以上に国際都市として機能しており、狭小な土地しかもたないにもかかわらず、八〇年代半ばにアジアを代表する国際都市に変容し、世界経済の要衝になっていった。そのプロセスを超高層建築の設計者として直に体験した丹下が、東京臨海副都心で世界都市博覧会を開催し、二四時間駆動する国際未来都市のビジョンを示そうと夢見たとしても不思議はない。

万博終了後、一九七〇年代後半以降の丹下は総じて、「東京計画―1960」以来の構想力と高度な建築技術を駆使し、世界の富裕層・権力者の価値観を具現化する都市デザインに傾倒していったといえるだろう。しかし、そうした一部の富裕層の得た富や権力者の意思が、ビリヤード台に据えられた頂点の球(建設産業)を突き動かし、都市の大規模開発による経済の活性化を誘発し、そのトリクルダウンを通じて国民所得の増大・均等・安定がもたらされるのか。それともトリクルダウンなど幻想に過ぎず、経済格差が無限に拡大し、超高層ビルとバラックが混在する無秩序な都市が生まれるだけなのか。丹下が残した課題は、現代を生きる我々の眼前に据え置かれたままとなっている。

（とよかわさいかく・千葉大学工学部准教授）

丹下健三都市論集（たんげけんぞうとしろんしゅう）

2021年10月15日　第1刷発行

編　者　豊川斎赫（とよかわさいかく）

発行者　坂本政謙

発行所　株式会社 岩波書店
〒101-8002 東京都千代田区一ツ橋 2-5-5
案内 03-5210-4000　営業部 03-5210-4111
文庫編集部 03-5210-4051
https://www.iwanami.co.jp/

印刷・三秀舎　カバー・精興社　製本・中永製本

ISBN 978-4-00-335852-8　　Printed in Japan

読書子に寄す

——岩波文庫発刊に際して——

岩波茂雄

真理は万人によって求められることを自ら欲し、芸術は万人によって愛されることを自ら望む。かつては民を愚昧ならしめるために学芸が最も狭き堂宇に閉鎖されたことがあった。今や知識と美とを特権階級の独占より奪い返すことはつねに進取的なる民衆の切実なる要求である。岩波文庫はこの要求に応じそれに励まされて生まれた。それは生命ある不朽の書を少数者の書斎と研究室とより解放して街頭にくまなく立たしめ民衆に伍せしめるであろう。近時大量生産予約出版の流行を見る。その広告宣伝の狂態はしばらくおくも、後代にのこすと誇称する全集がその編集に万全の用意をなしたるか。千古の典籍の翻訳企図に敬虔の態度を欠かざりしか。さらに分売を許さず読者を繫縛して数十冊を強うるがごとき、はたしてその揚言する学芸解放のゆえんなりや。吾人は天下の名士の声に和してこれを推挙するに躊躇するものである。このときにあたって、岩波書店は自己の責務のいよいよ重大なるを思い、従来の方針の徹底を期するため、すでに十数年以前より志して来た計画を慎重審議この際断然実行することにした。吾人は範をかのレクラム文庫にとり、古今東西にわたって文芸・哲学・社会科学・自然科学等種類のいかんを問わず、いやしくも万人の必読すべき真に古典的価値ある書をきわめて簡易なる形式において逐次刊行し、あらゆる人間に須要なる生活向上の資料、生活批判の原理を提供せんと欲する。この文庫は予約出版の方法を排したるがゆえに、読者は自己の欲する時に自己の欲する書物を各個に自由に選択することができる。携帯に便にして価格の低きを最主とするがゆえに、外観を顧みざるも内容に至っては厳選最も力を尽くし、従来の岩波出版物の特色をますます発揮せしめようとする。この計画たるや世間の一時の投機的なるものと異なり、永遠の事業として吾人は微力を傾倒し、あらゆる犠牲を忍んで今後永久に継続発展せしめ、もって文庫の使命を遺憾なく果たさしめることを期する。芸術を愛し知識を求むる士の自ら進んでこの挙に参加し、希望と忠言とを寄せられることは吾人の熱望するところである。その性質上経済的には最も困難多きこの事業にあえて当たらんとする吾人の志を諒として、その達成のため世の読書子とのうるわしき共同を期待する。

昭和二年七月

《東洋思想》〔青〕

- 易経 全二冊 高田真治・後藤基巳訳
- 論語 金谷治訳注
- 孔子家語 藤原正校訳
- 孟子 全二冊 小林勝人訳注
- 老子 蜂屋邦夫訳注
- 荘子 全四冊 金谷治訳注
- 新訂 孫子 金谷治訳注
- 荀子 全二冊 金谷治訳注
- 韓非子 全四冊 金谷治訳注
- 史記列伝 全五冊 司馬遷 小川環樹・今鷹真・福島吉彦訳
- 春秋左氏伝 全三冊 小倉芳彦訳
- 塩鉄論 曾我部静雄訳註
- 千字文 小川環樹・木田章義注解
- 大学・中庸 金谷治訳注
- 孫文革命文集 深町英夫編訳
- 実践論・矛盾論 毛沢東 松村一人・竹内実訳
- 仁学 ―清末の社会変革論 譚嗣同 西順蔵・坂元ひろ子訳注
- 章炳麟集 ―清末の民族革命思想 西順蔵・近藤邦康編訳
- 梁啓超文集 岡本隆司・石川禎浩・高嶋航編訳
- マヌの法典 田辺繁子訳
- ガンディー 獄中からの手紙 森本達雄訳
- 随園食単 袁枚 青木正児訳註
- ウパデーシャ・サーハスリー ―真実の自己の探求 シャンカラ 前田専学訳

《仏教》〔青〕

- ブッダのことば ―スッタニパータ 中村元訳
- ブッダの真理のことば 感興のことば 中村元訳
- 般若心経・金剛般若経 中村元・紀野一義訳註
- 法華経 全三冊 坂本幸男・岩本裕訳注
- 日蓮文集 兜木正亨校注
- 浄土三部経 全二冊 中村元・早島鏡正・紀野一義訳註
- 大乗起信論 宇井伯寿・高崎直道訳注
- 天台小止観 ―坐禅の作法 天台大師 関口真大訳注
- 臨済録 入矢義高訳注
- 碧巌録 全三冊 入矢義高・溝口雄三・末木文美士・伊藤文生訳注
- 無門関 西村恵信訳注
- 法華義疏 全二冊 聖徳太子 花山信勝校訳
- 往生要集 全二冊 源信 石田瑞麿訳注
- 教行信証 親鸞 金子大栄校訂
- 歎異抄 金子大栄校注
- 正法眼蔵 全四冊 道元 水野弥穂子校注
- 正法眼蔵随聞記 懐奘編 和辻哲郎校訂
- 道元禅師清規 大久保道舟訳注
- 一遍上人語録 ―付 播州法語集 大橋俊雄校注
- 一遍聖絵 聖戒編 大橋俊雄校注
- 南無阿弥陀仏 ―付 心偈 柳宗悦
- 蓮如文集 蓮如 笠原一男校注
- 蓮如上人御一代聞書 稲葉昌丸校訂
- 日本的霊性 鈴木大拙 篠田英雄校訂
- 新編 東洋的な見方 鈴木大拙 上田閑照編
- 禅堂生活 鈴木大拙 横川顕正訳

大乗仏教概論　鈴木大拙　佐々木閑訳
浄土系思想論　鈴木大拙
神秘主義 キリスト教と仏教　鈴木大拙　坂東性純　清水守拙訳
禅の思想　鈴木大拙
ブッダ最後の旅 —大パリニッバーナ経　中村元訳
仏弟子の告白 —テーラガーター　中村元訳
尼僧の告白 —テーリーガーター　中村元訳
ブッダ神々との対話 —サンユッタ・ニカーヤⅠ　中村元訳
ブッダ悪魔との対話 —サンユッタ・ニカーヤⅡ　中村元訳
驢鞍橋　鈴木正三　鈴木大拙校訂
禅林句集　足立大進校注
ブッダが説いたこと　ワールポラ・ラーフラ　今枝由郎訳
ブータンの瘋狂聖ドゥクパ・クンレー伝　ゲンドゥン・リンチェン編　今枝由郎訳

《音楽・美術》〔青〕

ベートーヴェン音楽ノート　小松雄一郎訳編
ベートーヴェンの生涯　ロマン・ロラン　片山敏彦訳
音楽と音楽家　シューマン　吉田秀和訳
モーツァルトの手紙 —その生涯のロマン 全二冊　柴田治三郎編訳
レオナルド・ダ・ヴィンチの手記 全二冊　杉浦明平訳
ゴッホの手紙 全三冊　硲伊之助訳
ロダンの言葉抄　高村光太郎訳　高田博厚　菊池一雄編
ビゴー日本素描集　清水勲編
ワーグマン日本素描集　清水勲編
葛飾北斎伝　飯島虚心　鈴木重三校注
ヨーロッパのキリスト教美術 —十二世紀から十八世紀まで 全二冊　エミール・マール　柳宗玄　荒木成子訳
近代日本漫画百選　清水勲編
ドーミエ諷刺画の世界　喜安朗編
デューラー自伝と書簡　前川誠郎訳
蛇儀礼　ヴァールブルク　三島憲一訳
迷宮としての世界 —マニエリスム美術 全二冊　グスタフ・ルネ・ホッケ　種村季弘　矢川澄子訳
日本洋画の曙光　平福百穂
江戸東京実見画録　長谷川渓石画　進士慶幹　花咲一男注解
映画とは何か 全二冊　アンドレ・バザン　野崎歓　大原宣久　谷本道昭訳
漫画坊っちゃん　近藤浩一路
漫画吾輩は猫である　近藤浩一路
ロバート・キャパ写真集　ICPロバート・キャパ・アーカイブ編
北斎富嶽三十六景　日野原健司編
日本漫画史 —鳥獣戯画から岡本一平まで　細木原青起
世紀末ウィーン文化評論集　ヘルマン・バール　西村雅樹編訳

岩波文庫の最新刊

柳井 滋・室伏信助・大朝雄二・鈴木日出男・藤井貞和・今西祐一郎校注

源氏物語（九）

蜻蛉―夢浮橋／索引

浮舟入水かとの報せに悲しむ薫と匂宮。だが浮舟は横川僧都の一行に救われていた――。全五十四帖完結、年立や作中和歌一覧、人物索引も収録。（全九冊）〔黄一五‐一八〕 定価一五一八円

カッシーラー著／熊野純彦訳

国家と神話（下）

国家と神話との結びつきを論じたカッシーラーの遺著。後半では、ヘーゲルの国家理論や技術に基づく国家の神話化を批判しつつ、理性への信頼を訴える。（全二冊）〔青六七三‐七〕 定価一二四三円

大塚久雄著／齋藤英里編

資本主義と市民社会 他十四篇

西欧における資本主義の発生過程とその精神的基盤の解明をめざした経済史家・大塚久雄。戦後日本の社会科学に大きな影響を与えた論考をテーマ別に精選。〔白一五二‐一〕 定価一一七七円

恩田侑布子編

久保田万太郎俳句集

万太郎の俳句は、詠嘆の美しさ、表現の自在さ、繊細さにおいて、近代俳句の白眉。全句から珠玉の九百二句を精選。「季語索引」を付す。〔緑六五‐四〕 定価八一四円

……今月の重版再開……

今野一雄訳

ラ・フォンテーヌ **寓話（上）** 〔赤五一四‐一〕 定価一〇一二円

今野一雄訳

ラ・フォンテーヌ **寓話（下）** 〔赤五一四‐二〕 定価一一二二円

定価は消費税 10% 込です　　2021. 9